한솔 완벽한 연산

수학은 마라톤입니다.
지금 여러분은 출발 지점에 서 있습니다.
초등학교 저학년 때는
수학 마라톤을 잘 하기 위해
기초 체력을 튼튼히 길러야 합니다.

한솔 완벽한 연산으로 시작하세요.
마라톤을 잘 뛸 수 있는 완벽한 연산 실력을 키워줍니다.

왜 완벽한 연산인가요?

기초 연산은 물론, 학교 연산까지 이 책 시리즈 하나면 완벽하게 끝나기 때문입니다. '한솔 완벽한 연산'은 하루 8쪽씩, 5일 동안 4주분을 학습하고, 마지막 주에는 학교 시험에 완벽하게 대비할 수 있도록 '연산 UP' 16쪽을 추가로 제공합니다.

매일 꾸준한 연습으로 연산 실력을 키우기에 충분한 학습량입니다.

'한솔 완벽한 연산' 하나면 기초 연산도 학교 연산도 완벽하게 대비할 수 있습니다.

몇 단계로 구성되고, 몇 학년이 풀 수 있나요?

모두 6단계로 구성되어 있습니다.

'한솔 완벽한 연산'은 한 단계가 1개 학년이 아닙니다. 연산의 기초 훈련이 가장 필요한 시기인 초등 2~3학년에 집중하여 여러 단계로 구성하였습니다.

이 시기에는 수학의 기초 체력을 튼튼히 길러야 하니까요.

단계	권장 학년	학습 내용
MA	6~7세	100까지의 수, 더하기와 빼기
MB	초등 1~2학년	한 자리 수의 덧셈, 두 자리 수의 덧셈
MC	초등 1~2학년	두 자리 수의 덧셈과 뺄셈
MD	초등 2~3학년	두·세 자리 수의 덧셈과 뺄셈
ME	초등 2~3학년	곱셈구구, (두·세 자리 수)×(한 자리 수), (두·세 자리 수)÷(한 자리 수)
MF	초등 3~4학년	(두·세 자리 수)×(두 자리 수), (두·세 자리 수)÷(두 자리 수), 분수·소수의 덧셈과 뺄셈

?. 책 한 권은 어떻게 구성되어 있나요?

✎ 책 한 권은 모두 4주 학습으로 구성되어 있습니다.
한 주는 모두 40쪽으로 하루에 8쪽씩, 5일 동안 푸는 것을 권장합니다.
마지막 5주차에는 학교 시험에 대비할 수 있는 '연산 UP'을 학습합니다.

?. '한솔 완벽한 연산'도 매일매일 풀어야 하나요?

✎ 물론입니다. 매일매일 규칙적으로 연습을 해야 연산 능력이 향상되기 때문입니다.
월요일부터 금요일까지 매일 8쪽씩, 4주 동안 규칙적으로 풀고, 마지막 주에
'연산 UP' 16쪽을 다 풀면 한 권 학습이 끝납니다.
매일매일 푸는 습관이 잡히면 개인 진도에 따라 두 달에 3권을 푸는 것도 가능
합니다.

?. 하루 8쪽씩이라구요? 너무 많은 양 아닌가요?

✎ '한솔 완벽한 연산'은 술술 풀면서 잘 넘어가는 학습지입니다.
공부하는 학생 입장에서는 빡빡한 문제를 4쪽 푸는 것보다 술술 넘어가는 문제를
8쪽 푸는 것이 훨씬 큰 성취감을 느낄 수 있습니다.
'한솔 완벽한 연산'은 학생의 연령을 고려해 쪽당 학습량을 전략적으로 구성했습니
다. 그래서 학생이 부담을 덜 느끼면서 효과적으로 학습할 수 있습니다.

학교 진도와 맞추려면 어떻게 공부해야 하나요?

이 책은 한 권을 한 달 동안 푸는 것을 권장합니다.
각 단계별 학교 진도는 다음과 같습니다.

단계	MA	MB	MC	MD	ME	MF
권 수	8권	5권	7권	7권	7권	7권
학교 진도	초등 이전	초등 1학년	초등 2학년	초등 3학년	초등 3학년	초등 4학년

초등학교 1학년이 3월에 MB 단계부터 매달 1권씩 꾸준히 푼다고 한다면 2학년이 시작될 때 MD 단계를 풀게 되고, 3학년 때 MF 단계(4학년 과정)까지 마무리할 수 있습니다.
이 책 시리즈로 꼼꼼히 학습하게 되면 일반 방문학습지 못지 않게 충분한 연산 실력을 쌓게 되고 조금씩 다음 학년 진도까지 학습할 수 있다는 장점이 있습니다.
매일 꾸준히 성실하게 학습한다면 학년 구분 없이 원하는 진도를 스스로 계획하고 진행해 나갈 수 있습니다.

'연산 UP'은 어떻게 공부해야 하나요?

'연산 UP'은 4주 동안 훈련한 연산 능력을 확인하는 과정이자 학교에서 흔히 접하는 계산 유형 문제까지 접할 수 있는 코너입니다.
'연산 UP'의 구성은 다음과 같습니다.

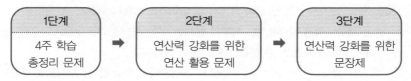

1단계	2단계	3단계
4주 학습 총정리 문제	연산력 강화를 위한 연산 활용 문제	연산력 강화를 위한 문장제

'연산 UP'은 모두 16쪽으로 구성되었으므로 하루 8쪽씩 2일 동안 학습하고, 다음 단계로 진행할 것을 권장합니다.

MA 6~7세

권	제목		주차별 학습 내용
1	20까지의 수 1	1주	5까지의 수 (1)
		2주	5까지의 수 (2)
		3주	5까지의 수 (3)
		4주	10까지의 수
2	20까지의 수 2	1주	10까지의 수 (1)
		2주	10까지의 수 (2)
		3주	20까지의 수 (1)
		4주	20까지의 수 (2)
3	20까지의 수 3	1주	20까지의 수 (1)
		2주	20까지의 수 (2)
		3주	20까지의 수 (3)
		4주	20까지의 수 (4)
4	50까지의 수	1주	50까지의 수 (1)
		2주	50까지의 수 (2)
		3주	50까지의 수 (3)
		4주	50까지의 수 (4)
5	1000까지의 수	1주	100까지의 수 (1)
		2주	100까지의 수 (2)
		3주	100까지의 수 (3)
		4주	1000까지의 수
6	수 가르기와 모으기	1주	수 가르기 (1)
		2주	수 가르기 (2)
		3주	수 모으기 (1)
		4주	수 모으기 (2)
7	덧셈의 기초	1주	상황 속 덧셈
		2주	더하기 1
		3주	더하기 2
		4주	더하기 3
8	뺄셈의 기초	1주	상황 속 뺄셈
		2주	빼기 1
		3주	빼기 2
		4주	빼기 3

MB 초등 1·2학년 ①

권	제목		주차별 학습 내용
1	덧셈 1	1주	받아올림이 없는 (한 자리 수)+(한 자리 수) (1)
		2주	받아올림이 없는 (한 자리 수)+(한 자리 수) (2)
		3주	받아올림이 없는 (한 자리 수)+(한 자리 수) (3)
		4주	받아올림이 없는 (두 자리 수)+(한 자리 수)
2	덧셈 2	1주	받아올림이 없는 (두 자리 수)+(한 자리 수)
		2주	받아올림이 있는 (한 자리 수)+(한 자리 수) (1)
		3주	받아올림이 있는 (한 자리 수)+(한 자리 수) (2)
		4주	받아올림이 있는 (한 자리 수)+(한 자리 수) (3)
3	뺄셈 1	1주	(한 자리 수)-(한 자리 수) (1)
		2주	(한 자리 수)-(한 자리 수) (2)
		3주	(한 자리 수)-(한 자리 수) (3)
		4주	받아내림이 없는 (두 자리 수)-(한 자리 수)
4	뺄셈 2	1주	받아내림이 없는 (두 자리 수)-(한 자리 수)
		2주	받아내림이 있는 (두 자리 수)-(한 자리 수) (1)
		3주	받아내림이 있는 (두 자리 수)-(한 자리 수) (2)
		4주	받아내림이 있는 (두 자리 수)+(한 자리 수) (3)
5	덧셈과 뺄셈의 완성	1주	(한 자리 수)+(한 자리 수), (한 자리 수)-(한 자리 수)
		2주	세 수의 덧셈, 세 수의 뺄셈 (1)
		3주	(한 자리 수)+(한 자리 수), (두 자리 수)-(한 자리 수)
		4주	세 수의 덧셈, 세 수의 뺄셈 (2)

MC 초등 1 · 2학년 ②

권	제목		주차별 학습 내용
1	두 자리 수의 덧셈 1	1주	받아올림이 없는 (두 자리 수)+(한 자리 수)
		2주	몇십 만들기
		3주	받아올림이 있는 (두 자리 수)+(한 자리 수) (1)
		4주	받아올림이 있는 (두 자리 수)+(한 자리 수) (2)
2	두 자리 수의 덧셈 2	1주	받아올림이 없는 (두 자리 수)+(두 자리 수) (1)
		2주	받아올림이 없는 (두 자리 수)+(두 자리 수) (2)
		3주	받아올림이 없는 (두 자리 수)+(두 자리 수) (3)
		4주	받아올림이 없는 (두 자리 수)+(두 자리 수) (4)
3	두 자리 수의 덧셈 3	1주	받아올림이 있는 (두 자리 수)+(두 자리 수) (1)
		2주	받아올림이 있는 (두 자리 수)+(두 자리 수) (2)
		3주	받아올림이 있는 (두 자리 수)+(두 자리 수) (3)
		4주	받아올림이 있는 (두 자리 수)+(두 자리 수) (4)
4	두 자리 수의 뺄셈 1	1주	받아내림이 없는 (두 자리 수)−(한 자리 수)
		2주	몇십에서 빼기
		3주	받아내림이 있는 (두 자리 수)−(한 자리 수) (1)
		4주	받아내림이 있는 (두 자리 수)−(한 자리 수) (2)
5	두 자리 수의 뺄셈 2	1주	받아내림이 없는 (두 자리 수)−(두 자리 수) (1)
		2주	받아내림이 없는 (두 자리 수)−(두 자리 수) (2)
		3주	받아내림이 없는 (두 자리 수)−(두 자리 수) (3)
		4주	받아내림이 없는 (두 자리 수)−(두 자리 수) (4)
6	두 자리 수의 뺄셈 3	1주	받아내림이 있는 (두 자리 수)−(두 자리 수) (1)
		2주	받아내림이 있는 (두 자리 수)−(두 자리 수) (2)
		3주	받아내림이 있는 (두 자리 수)−(두 자리 수) (3)
		4주	받아내림이 있는 (두 자리 수)−(두 자리 수) (4)
7	덧셈과 뺄셈의 완성	1주	세 수의 덧셈
		2주	세 수의 뺄셈
		3주	(두 자리 수)+(한 자리 수), (두 자리 수)−(한 자리 수) 종합
		4주	(두 자리 수)+(두 자리 수), (두 자리 수)−(두 자리 수) 종합

MD 초등 2 · 3학년 ①

권	제목		주차별 학습 내용
1	두 자리 수의 덧셈	1주	받아올림이 있는 (두 자리 수)+(두 자리 수) (1)
		2주	받아올림이 있는 (두 자리 수)+(두 자리 수) (2)
		3주	받아올림이 있는 (두 자리 수)+(두 자리 수) (3)
		4주	받아올림이 있는 (두 자리 수)+(두 자리 수) (4)
2	세 자리 수의 덧셈 1	1주	받아올림이 없는 (세 자리 수)+(두 자리 수)
		2주	받아올림이 있는 (세 자리 수)+(두 자리 수) (1)
		3주	받아올림이 있는 (세 자리 수)+(두 자리 수) (2)
		4주	받아올림이 있는 (세 자리 수)+(두 자리 수) (3)
3	세 자리 수의 덧셈 2	1주	받아올림이 있는 (세 자리 수)+(세 자리 수) (1)
		2주	받아올림이 있는 (세 자리 수)+(세 자리 수) (2)
		3주	받아올림이 있는 (세 자리 수)+(세 자리 수) (3)
		4주	받아올림이 있는 (세 자리 수)+(세 자리 수) (4)
4	두·세 자리 수의 뺄셈	1주	받아내림이 있는 (두 자리 수)−(두 자리 수) (1)
		2주	받아내림이 있는 (두 자리 수)−(두 자리 수) (2)
		3주	받아내림이 있는 (두 자리 수)−(두 자리 수) (3)
		4주	받아내림이 없는 (세 자리 수)−(두 자리 수)
5	세 자리 수의 뺄셈 1	1주	받아내림이 있는 (세 자리 수)−(두 자리 수) (1)
		2주	받아내림이 있는 (세 자리 수)−(두 자리 수) (2)
		3주	받아내림이 있는 (세 자리 수)−(두 자리 수) (3)
		4주	받아내림이 있는 (세 자리 수)−(두 자리 수) (4)
6	세 자리 수의 뺄셈 2	1주	받아내림이 있는 (세 자리 수)−(세 자리 수) (1)
		2주	받아내림이 있는 (세 자리 수)−(세 자리 수) (2)
		3주	받아내림이 있는 (세 자리 수)−(세 자리 수) (3)
		4주	받아내림이 있는 (세 자리 수)−(세 자리 수) (4)
7	덧셈과 뺄셈의 완성	1주	덧셈의 완성 (1)
		2주	덧셈의 완성 (2)
		3주	뺄셈의 완성 (1)
		4주	뺄셈의 완성 (2)

ME 초등 2·3학년 ②

권	제목		주차별 학습 내용
1	곱셈구구	1주	곱셈구구 (1)
		2주	곱셈구구 (2)
		3주	곱셈구구 (3)
		4주	곱셈구구 (4)
2	(두 자리 수)×(한 자리 수) 1	1주	곱셈구구 종합
		2주	(두 자리 수)×(한 자리 수) (1)
		3주	(두 자리 수)×(한 자리 수) (2)
		4주	(두 자리 수)×(한 자리 수) (3)
3	(두 자리 수)×(한 자리 수) 2	1주	(두 자리 수)×(한 자리 수) (1)
		2주	(두 자리 수)×(한 자리 수) (2)
		3주	(두 자리 수)×(한 자리 수) (3)
		4주	(두 자리 수)×(한 자리 수) (4)
4	(세 자리 수)×(한 자리 수)	1주	(세 자리 수)×(한 자리 수) (1)
		2주	(세 자리 수)×(한 자리 수) (2)
		3주	(세 자리 수)×(한 자리 수) (3)
		4주	곱셈 종합
5	(두 자리 수)÷(한 자리 수) 1	1주	나눗셈의 기초 (1)
		2주	나눗셈의 기초 (2)
		3주	나눗셈의 기초 (3)
		4주	(두 자리 수)÷(한 자리 수)
6	(두 자리 수)÷(한 자리 수) 2	1주	(두 자리 수)÷(한 자리 수) (1)
		2주	(두 자리 수)÷(한 자리 수) (2)
		3주	(두 자리 수)÷(한 자리 수) (3)
		4주	(두 자리 수)÷(한 자리 수) (4)
7	(두·세 자리 수)÷(한 자리 수)	1주	(두 자리 수)÷(한 자리 수) (1)
		2주	(두 자리 수)÷(한 자리 수) (2)
		3주	(세 자리 수)÷(한 자리 수) (1)
		4주	(세 자리 수)÷(한 자리 수) (2)

MF 초등 3·4학년

권	제목		주차별 학습 내용
1	(두 자리 수)×(두 자리 수)	1주	(두 자리 수)×(한 자리 수)
		2주	(두 자리 수)×(두 자리 수) (1)
		3주	(두 자리 수)×(두 자리 수) (2)
		4주	(두 자리 수)×(두 자리 수) (3)
2	(두·세 자리 수)×(두 자리 수)	1주	(두 자리 수)×(두 자리 수)
		2주	(세 자리 수)×(한 자리 수) (1)
		3주	(세 자리 수)×(한 자리 수) (2)
		4주	곱셈의 완성
3	(두 자리 수)÷(두 자리 수)	1주	(두 자리 수)÷(두 자리 수) (1)
		2주	(두 자리 수)÷(두 자리 수) (2)
		3주	(두 자리 수)÷(두 자리 수) (3)
		4주	(두 자리 수)÷(두 자리 수) (4)
4	(세 자리 수)÷(두 자리 수)	1주	(세 자리 수)÷(두 자리 수) (1)
		2주	(세 자리 수)÷(두 자리 수) (2)
		3주	(세 자리 수)÷(두 자리 수) (3)
		4주	나눗셈의 완성
5	혼합 계산	1주	혼합 계산 (1)
		2주	혼합 계산 (2)
		3주	혼합 계산 (3)
		4주	곱셈과 나눗셈, 혼합 계산 총정리
6	분수의 덧셈과 뺄셈	1주	분수의 덧셈 (1)
		2주	분수의 덧셈 (2)
		3주	분수의 뺄셈 (1)
		4주	분수의 뺄셈 (2)
7	소수의 덧셈과 뺄셈	1주	분수의 덧셈과 뺄셈
		2주	소수의 기초, 소수의 덧셈과 뺄셈 (1)
		3주	소수의 덧셈과 뺄셈 (2)
		4주	소수의 덧셈과 뺄셈 (3)

주별 학습 내용   MD단계 ❸권

받아올림이 있는 (세 자리 수)+(세 자리 수) (1)

1주차

요일	교재 번호	학습한 날짜		확인
1일차(월)	01~08	월	일	
2일차(화)	09~16	월	일	
3일차(수)	17~24	월	일	
4일차(목)	25~32	월	일	
5일차(금)	33~40	월	일	

● 덧셈을 하세요.

(1)
```
    1 0 3
+       7
─────────
```

(5)
```
    2 0 6
+     3 6
─────────
```

(2)
```
    2 0 4
+     1 6
─────────
```

(6)
```
    4 0 7
+     5 7
─────────
```

(3)
```
    1 2 8
+     2 2
─────────
```

(7)
```
    3 6 8
+     1 8
─────────
```

(4)
```
    3 3 1
+     4 9
─────────
```

(8)
```
    5 5 9
+     2 9
─────────
```

(9)

```
    1 0 4
+     3 7
─────────
```

(13)

```
    2 1 7
+     4 4
─────────
```

(10)

```
    1 2 1
+     5 9
─────────
```

(14)

```
    3 1 2
+     6 8
─────────
```

(11)

```
    2 1 9
+     7 2
─────────
```

(15)

```
    3 4 9
+     4 1
─────────
```

(12)

```
    2 3 8
+     2 4
─────────
```

(16)

```
    4 3 6
+     1 8
─────────
```

● 덧셈을 하세요.

(1)
```
      1 0 3
  +   1 5 7
  ─────────
```

(5)
```
      1 3 2
  +   1 1 7
  ─────────
```

(2)
```
      1 0 4
  +   1 0 8
  ─────────
```

(6)
```
      1 4 5
  +   1 2 7
  ─────────
```

(3)
```
      1 6 6
  +   1 0 4
  ─────────
```

(7)
```
      1 2 3
  +   1 3 9
  ─────────
```

(4)
```
      1 0 8
  +   1 4 2
  ─────────
```

(8)
```
      1 1 6
  +   1 4 8
  ─────────
```

(9)
```
    2 4 6
  + 1 0 5
```

(13)
```
    1 1 9
  + 2 6 2
```

(10)
```
    2 0 6
  + 1 2 6
```

(14)
```
    2 5 5
  + 1 3 8
```

(11)
```
    1 5 4
  + 2 1 7
```

(15)
```
    2 3 9
  + 1 4 1
```

(12)
```
    2 1 5
  + 1 0 5
```

(16)
```
    1 2 7
  + 2 2 9
```

MD01 받아올림이 있는 (세 자리 수)+(세 자리 수) (1)

● 덧셈을 하세요.

(1)
```
    3 0 3
  + 1 0 7
  -------
```

(5)
```
    2 4 8
  + 2 1 3
  -------
```

(2)
```
    3 3 4
  + 1 0 7
  -------
```

(6)
```
    2 5 9
  + 2 2 5
  -------
```

(3)
```
    3 0 5
  + 1 4 6
  -------
```

(7)
```
    1 2 3
  + 3 6 9
  -------
```

(4)
```
    2 6 4
  + 2 3 5
  -------
```

(8)
```
    1 3 7
  + 3 4 5
  -------
```

(9)
```
    4 2 4
  + 1 5 6
  -------
```

(13)
```
    5 3 9
  + 1 3 2
  -------
```

(10)
```
    3 0 6
  + 2 7 8
  -------
```

(14)
```
    4 0 4
  + 2 8 7
  -------
```

(11)
```
    2 1 7
  + 3 4 3
  -------
```

(15)
```
    3 2 5
  + 3 4 8
  -------
```

(12)
```
    1 5 5
  + 4 0 6
  -------
```

(16)
```
    2 4 6
  + 4 4 9
  -------
```

MD01 받아올림이 있는 (세 자리 수)+(세 자리 수) (1)

● 덧셈을 하세요.

(1)
```
      6 0 2
    + 1 0 8
    -------
```

(5)
```
      7 4 5
    + 1 2 7
    -------
```

(2)
```
      5 3 6
    + 2 0 4
    -------
```

(6)
```
      6 4 7
    + 2 4 6
    -------
```

(3)
```
      4 0 8
    + 3 2 5
    -------
```

(7)
```
      4 3 2
    + 4 3 8
    -------
```

(4)
```
      3 5 2
    + 4 4 7
    -------
```

(8)
```
      3 5 4
    + 5 1 9
    -------
```

(9)
```
    2 1 5
  + 1 0 5
  -------
```

(13)
```
    4 4 3
  + 3 0 7
  -------
```

(10)
```
    1 0 4
  + 1 3 6
  -------
```

(14)
```
    2 3 9
  + 3 5 5
  -------
```

(11)
```
    5 2 8
  + 1 5 4
  -------
```

(15)
```
    4 5 8
  + 4 2 4
  -------
```

(12)
```
    4 6 7
  + 2 1 5
  -------
```

(16)
```
    4 2 1
  + 5 4 9
  -------
```

MD01 받아올림이 있는 (세 자리 수)+(세 자리 수) (1)

● 덧셈을 하세요.

□

(1)
```
    1 0 6
  + 1 0 7
```

(5)
```
    2 1 7
  + 2 2 4
```

(2)
```
    1 0 9
  + 2 3 8
```

(6)
```
    2 2 5
  + 3 5 7
```

(3)
```
    1 6 5
  + 3 0 5
```

(7)
```
    2 3 9
  + 4 4 5
```

(4)
```
    1 4 9
  + 4 1 2
```

(8)
```
    2 3 3
  + 5 1 7
```

(9)
```
    3 0 8
+   1 0 9
─────────
```

(13)
```
    4 2 4
+   2 2 9
─────────
```

(10)
```
    3 0 7
+   3 2 5
─────────
```

(14)
```
    4 3 3
+   1 5 8
─────────
```

(11)
```
    3 6 5
+   2 0 6
─────────
```

(15)
```
    4 1 4
+   3 4 6
─────────
```

(12)
```
    3 1 4
+   4 2 1
─────────
```

(16)
```
    4 6 9
+   4 2 3
─────────
```

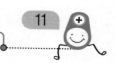

MD01 받아올림이 있는 (세 자리 수)+(세 자리 수) (1)

● 덧셈을 하세요.

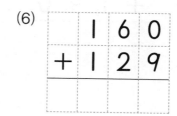

(1)
```
    1 4 0
  + 1 6 0
  ───────
```

(5)
```
    1 8 0
  + 1 5 0
  ───────
```

(2)
```
    1 2 0
  + 1 9 0
  ───────
```

(6)
```
    1 6 0
  + 1 2 9
  ───────
```

(3)
```
    1 7 0
  + 1 3 0
  ───────
```

(7)
```
    1 4 4
  + 1 8 5
  ───────
```

(4)
```
    1 8 4
  + 1 2 0
  ───────
```

(8)
```
    1 6 2
  + 1 5 1
  ───────
```

(9)
```
    2 2 5
+   1 8 2
─────────
```

(13)
```
    2 3 1
+   1 8 4
─────────
```

(10)
```
    2 3 4
+   1 9 0
─────────
```

(14)
```
    1 1 6
+   2 9 2
─────────
```

(11)
```
    1 2 0
+   2 9 8
─────────
```

(15)
```
    1 6 3
+   2 6 5
─────────
```

(12)
```
    1 8 3
+   2 6 1
─────────
```

(16)
```
    1 9 1
+   2 9 4
─────────
```

MD01 받아올림이 있는 (세 자리 수)+(세 자리 수) (1)

● 덧셈을 하세요.

(1)
```
    □
    3 1 0
  + 1 9 0
  ───────
```

(5)
```
    1 6 7
  + 3 7 0
  ───────
```

(2)
```
    3 5 0
  + 1 8 1
  ───────
```

(6)
```
    1 2 5
  + 3 8 2
  ───────
```

(3)
```
    2 4 0
  + 2 7 0
  ───────
```

(7)
```
    1 3 1
  + 3 6 3
  ───────
```

(4)
```
    2 3 1
  + 2 9 7
  ───────
```

(8)
```
    2 6 3
  + 2 8 4
  ───────
```

(9)
```
    4 5 0
+   1 8 0
─────────
```

(13)
```
    2 1 3
+   3 9 6
─────────
```

(10)
```
    3 3 0
+   2 9 4
─────────
```

(14)
```
    1 9 0
+   4 5 0
─────────
```

(11)
```
    3 8 3
+   2 4 3
─────────
```

(15)
```
    1 4 6
+   4 8 2
─────────
```

(12)
```
    4 5 5
+   1 6 1
─────────
```

(16)
```
    2 7 7
+   3 9 2
─────────
```

MD01 받아올림이 있는 (세 자리 수)+(세 자리 수) (1)

● 덧셈을 하세요.

(1)
```
    1 3 0
 +  1 7 0
 ─────────
```

(5)
```
    3 7 2
 +  2 3 4
 ─────────
```

(2)
```
    2 6 0
 +  1 5 8
 ─────────
```

(6)
```
    2 8 3
 +  3 4 6
 ─────────
```

(3)
```
    3 5 2
 +  1 5 0
 ─────────
```

(7)
```
    1 6 3
 +  3 9 3
 ─────────
```

(4)
```
    2 5 7
 +  2 2 1
 ─────────
```

(8)
```
    1 3 1
 +  4 7 4
 ─────────
```

(9)
```
    2 8 1
+   2 6 1
─────────
```

(13)
```
    1 9 3
+   1 5 3
─────────
```

(10)
```
    3 3 8
+   2 7 0
─────────
```

(14)
```
    1 9 5
+   2 9 4
─────────
```

(11)
```
    1 4 3
+   4 8 4
─────────
```

(15)
```
    1 5 6
+   3 7 2
─────────
```

(12)
```
    2 7 2
+   3 8 4
─────────
```

(16)
```
    4 6 0
+   1 8 9
─────────
```

● 덧셈을 하세요.

(1)
```
    1 8 0
+   1 2 0
─────────
```

(5)
```
    1 8 2
+   1 4 5
─────────
```

(2)
```
    1 9 0
+ 3 1 0
─────────
```

(6)
```
    2 9 1
+ 1 5 1
─────────
```

(3)
```
    1 5 4
+ 2 6 0
─────────
```

(7)
```
    2 2 7
+ 2 7 0
─────────
```

(4)
```
    1 6 0
+ 4 7 9
─────────
```

(8)
```
    1 7 4
+ 3 8 4
─────────
```

(9)
```
   1 4 8
+  1 8 0
---------
```

(13)
```
   3 9 7
+  1 8 1
---------
```

(10)
```
   2 5 1
+  1 9 4
---------
```

(14)
```
   4 6 8
+  1 7 1
---------
```

(11)
```
   3 7 2
+  2 7 5
---------
```

(15)
```
   2 8 4
+  3 6 3
---------
```

(12)
```
   2 5 0
+  2 8 4
---------
```

(16)
```
   1 7 5
+  2 9 1
---------
```

MD01 받아올림이 있는 (세 자리 수)+(세 자리 수) (1)

● 덧셈을 하세요.

(1)
```
    5 7 0
  + 1 2 0
  -------
```

(5)
```
    3 6 4
  + 3 4 5
  -------
```

(2)
```
    5 2 4
  + 1 8 0
  -------
```

(6)
```
    4 6 2
  + 2 6 6
  -------
```

(3)
```
    4 1 0
  + 2 9 9
  -------
```

(7)
```
    2 7 3
  + 4 7 1
  -------
```

(4)
```
    2 9 2
  + 4 3 2
  -------
```

(8)
```
    1 8 5
  + 5 5 2
  -------
```

(9)
```
    6 9 3
  + 1 5 0
  -------
```

(13)
```
    2 3 4
  + 5 8 3
  -------
```

(10)
```
    4 4 0
  + 3 6 7
  -------
```

(14)
```
    3 2 6
  + 4 9 3
  -------
```

(11)
```
    5 5 2
  + 2 7 1
  -------
```

(15)
```
    2 6 5
  + 5 9 2
  -------
```

(12)
```
    3 8 7
  + 4 8 2
  -------
```

(16)
```
    1 7 0
  + 6 5 9
  -------
```

MD01 받아올림이 있는 (세 자리 수)+(세 자리 수) (1)

● 덧셈을 하세요.

(1)
```
    7 6 4
+   1 5 4
─────────
```

(5)
```
    6 9 3
+   2 4 0
─────────
```

(2)
```
    4 5 2
+   4 4 3
─────────
```

(6)
```
    5 8 2
+   3 5 4
─────────
```

(3)
```
    3 8 1
+   5 3 5
─────────
```

(7)
```
    1 6 2
+   7 4 5
─────────
```

(4)
```
    6 7 5
+   2 4 2
─────────
```

(8)
```
    2 8 1
+   6 6 7
─────────
```

(9)
```
   6 8 9
+  1 6 0
─────────
```

(13)
```
   5 7 5
+  3 7 0
─────────
```

(10)
```
   1 5 4
+  7 7 4
─────────
```

(14)
```
   1 6 4
+  6 8 1
─────────
```

(11)
```
   5 4 3
+  2 7 4
─────────
```

(15)
```
   3 3 2
+  3 9 2
─────────
```

(12)
```
   2 9 6
+  4 5 1
─────────
```

(16)
```
   4 3 1
+  4 9 3
─────────
```

MD01 받아올림이 있는 (세 자리 수)+(세 자리 수) (1)

● 덧셈을 하세요.

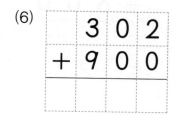

(1)
```
    9 0 0
  + 1 0 0
  1 0 0 0
```

(5)
```
    6 0 1
  + 6 0 1
```

(2)
```
    7 0 0
  + 3 0 0
```

(6)
```
    3 0 2
  + 9 0 0
```

(3)
```
    5 0 0
  + 6 0 0
```

(7)
```
    8 0 0
  + 8 0 3
```

(4)
```
    8 0 0
  + 4 0 0
```

(8)
```
    6 0 3
  + 8 0 3
```

(9)
```
    2 8 0
+   9 0 0
─────────
```

(13)
```
    6 8 1
+   4 1 1
─────────
```

(10)
```
    3 7 0
+   8 0 0
─────────
```

(14)
```
    5 1 5
+   8 3 0
─────────
```

(11)
```
    7 0 0
+   5 2 0
─────────
```

(15)
```
    8 2 4
+   4 5 2
─────────
```

(12)
```
    9 5 0
+   1 1 0
─────────
```

(16)
```
    4 3 6
+   9 1 3
─────────
```

● 덧셈을 하세요.

(1)

	1	0	5
+	1	0	5

(2)

	1	2	4
+	3	0	9

(3)

	2	0	7
+	3	2	5

(4)

	1	2	2
+	2	2	9

(5)

	2	7	0
+	3	1	8

(6)

	3	6	8
+	2	1	5

(7)

	3	3	4
+	1	2	9

(8)

	4	3	2
+	1	3	8

(9)

```
    3 4 0
  + 1 8 7
  -------
```

(13)

```
    3 1 8
  + 2 9 1
  -------
```

(10)

```
    1 4 2
  + 2 7 0
  -------
```

(14)

```
    1 7 6
  + 3 5 2
  -------
```

(11)

```
    1 2 4
  + 1 9 4
  -------
```

(15)

```
    2 6 7
  + 2 5 1
  -------
```

(12)

```
    1 5 5
  + 3 8 2
  -------
```

(16)

```
    1 9 3
  + 4 8 3
  -------
```

MD01 받아올림이 있는 (세 자리 수)+(세 자리 수) (1)

● 덧셈을 하세요.

(1)
$$
\begin{array}{r}
1\ 0\ 8 \\
+\ 1\ 5\ 2 \\
\hline
\end{array}
$$

(5)
$$
\begin{array}{r}
2\ 4\ 2 \\
+\ 4\ 9\ 5 \\
\hline
\end{array}
$$

(2)
$$
\begin{array}{r}
2\ 5\ 5 \\
+\ 2\ 0\ 6 \\
\hline
\end{array}
$$

(6)
$$
\begin{array}{r}
3\ 4\ 6 \\
+\ 1\ 8\ 2 \\
\hline
\end{array}
$$

(3)
$$
\begin{array}{r}
1\ 1\ 3 \\
+\ 3\ 1\ 7 \\
\hline
\end{array}
$$

(7)
$$
\begin{array}{r}
2\ 3\ 9 \\
+\ 3\ 7\ 0 \\
\hline
\end{array}
$$

(4)
$$
\begin{array}{r}
3\ 8\ 8 \\
+\ 2\ 1\ 1 \\
\hline
\end{array}
$$

(8)
$$
\begin{array}{r}
1\ 8\ 2 \\
+\ 5\ 9\ 3 \\
\hline
\end{array}
$$

(9)
```
    2 2 2
 +  1 0 9
─────────
```

(13)
```
    3 1 7
 +  1 4 7
─────────
```

(10)
```
    3 5 8
 +  2 3 3
─────────
```

(14)
```
    1 2 8
 +  3 5 5
─────────
```

(11)
```
    1 3 7
 +  2 9 2
─────────
```

(15)
```
    1 9 3
 +  5 3 3
─────────
```

(12)
```
    2 4 5
 +  2 8 1
─────────
```

(16)
```
    4 6 5
 +  2 8 2
─────────
```

MD01 받아올림이 있는 (세 자리 수)+(세 자리 수) (1)

● 덧셈을 하세요.

(1)
```
    2 6 0
  + 1 8 0
  -------
```

(5)
```
    1 9 1
  + 1 2 0
  -------
```

(2)
```
    3 1 1
  + 1 3 9
  -------
```

(6)
```
    3 4 2
  + 2 2 6
  -------
```

(3)
```
    4 3 4
  + 1 3 7
  -------
```

(7)
```
    2 5 3
  + 3 5 5
  -------
```

(4)
```
    1 4 9
  + 2 2 5
  -------
```

(8)
```
    3 7 3
  + 3 5 6
  -------
```

(9)
```
    1 4 1
+   1 7 5
─────────
```

(13)
```
    3 5 3
+   1 8 5
─────────
```

(10)
```
    2 2 3
+   1 1 9
─────────
```

(14)
```
    4 7 5
+   2 1 9
─────────
```

(11)
```
    2 2 9
+   2 4 3
─────────
```

(15)
```
    1 1 7
+   3 3 8
─────────
```

(12)
```
    3 4 7
+   2 7 2
─────────
```

(16)
```
    1 0 8
+   2 3 8
─────────
```

MD01 받아올림이 있는 (세 자리 수)+(세 자리 수) (1)

● 덧셈을 하세요.

(1)
```
    3 7 3
  + 1 5 5
  _____
```

(5)
```
    2 5 1
  + 4 8 7
  _____
```

(2)
```
    5 6 4
  + 1 7 3
  _____
```

(6)
```
    3 0 4
  + 2 4 5
  _____
```

(3)
```
    2 6 7
  + 1 1 8
  _____
```

(7)
```
    2 1 8
  + 2 2 6
  _____
```

(4)
```
    2 8 9
  + 3 0 9
  _____
```

(8)
```
    4 9 6
  + 1 2 2
  _____
```

(9)
```
    2 5 5
  + 1 8 4
  -------
```

(13)
```
    1 3 1
  + 1 7 2
  -------
```

(10)
```
    3 4 2
  + 2 2 8
  -------
```

(14)
```
    4 8 3
  + 2 0 7
  -------
```

(11)
```
    2 6 1
  + 3 7 8
  -------
```

(15)
```
    4 2 9
  + 1 1 6
  -------
```

(12)
```
    3 4 3
  + 1 0 9
  -------
```

(16)
```
    3 7 1
  + 3 9 4
  -------
```

MD01 받아올림이 있는 (세 자리 수)+(세 자리 수) (1)

● 덧셈을 하세요.

(1)
```
    2 0 4
  + 1 0 7
  -------
```

(5)
```
    3 8 8
  + 1 2 1
  -------
```

(2)
```
    2 0 5
  + 2 6 5
  -------
```

(6)
```
    3 4 7
  + 3 9 1
  -------
```

(3)
```
    1 8 6
  + 3 0 8
  -------
```

(7)
```
    2 5 9
  + 1 5 0
  -------
```

(4)
```
    2 3 8
  + 3 2 5
  -------
```

(8)
```
    1 4 5
  + 1 7 2
  -------
```

(9)
```
   3 4 5
+  1 9 0
---------
```

(13)
```
   2 2 6
+  1 2 6
---------
```

(10)
```
   3 6 2
+  2 7 1
---------
```

(14)
```
   4 0 0
+  6 0 0
---------
```

(11)
```
   1 5 0
+  1 9 6
---------
```

(15)
```
   1 0 9
+  4 6 9
---------
```

(12)
```
   5 3 0
+  1 7 0
---------
```

(16)
```
   4 1 8
+  1 4 4
---------
```

MD01 받아올림이 있는 (세 자리 수) + (세 자리 수) (1)

● 덧셈을 하세요.

(1)
```
    2 5 4
+   1 2 8
---------
```

(5)
```
    2 9 5
+   3 1 2
---------
```

(2)
```
    3 4 5
+   2 0 8
---------
```

(6)
```
    6 7 7
+   2 5 0
---------
```

(3)
```
    4 2 2
+   1 2 5
---------
```

(7)
```
    5 9 6
+   3 4 1
---------
```

(4)
```
    7 3 8
+   1 3 4
---------
```

(8)
```
    6 0 0
+   8 0 0
---------
```

(9)
```
    2 4 0
 +  3 9 2
 ─────────
```

(13)
```
    4 2 5
 +  2 1 8
 ─────────
```

(10)
```
    4 3 8
 +  2 3 3
 ─────────
```

(14)
```
    5 9 2
 +  1 6 4
 ─────────
```

(11)
```
    6 1 1
 +  2 1 9
 ─────────
```

(15)
```
    6 7 5
 +  1 3 2
 ─────────
```

(12)
```
    3 5 4
 +  4 6 5
 ─────────
```

(16)
```
    7 6 3
 +  1 0 9
 ─────────
```

MD01 받아올림이 있는 (세 자리 수)+(세 자리 수) (1)

● 덧셈을 하세요.

(1)
```
    3 7 0
  + 1 6 0
```

(5)
```
    3 5 1
  + 3 9 6
```

(2)
```
    4 6 0
  + 1 8 3
```

(6)
```
    4 9 2
  + 3 5 5
```

(3)
```
    5 7 7
  + 1 0 4
```

(7)
```
    3 2 9
  + 2 2 6
```

(4)
```
    6 7 9
  + 1 1 0
```

(8)
```
    4 8 6
  + 2 0 7
```

(9)
```
    5 5 5
+   1 8 4
─────────
```

(13)
```
    6 1 1
+   1 3 9
─────────
```

(10)
```
    1 4 2
+   3 1 9
─────────
```

(14)
```
    4 8 3
+   2 0 8
─────────
```

(11)
```
    3 6 1
+   3 7 8
─────────
```

(15)
```
    7 0 0
+   7 7 3
─────────
```

(12)
```
    4 3 3
+   1 5 9
─────────
```

(16)
```
    5 7 1
+   2 9 4
─────────
```

MD01 받아올림이 있는 (세 자리 수)+(세 자리 수) (1)

● 덧셈을 하세요.

(1)
```
    3 4 2
  + 1 7 3
  -------
```

(5)
```
    6 8 8
  + 1 7 1
  -------
```

(2)
```
    6 5 2
  + 2 4 5
  -------
```

(6)
```
    3 4 7
  + 3 2 9
  -------
```

(3)
```
    4 8 6
  + 4 8 2
  -------
```

(7)
```
    7 5 8
  + 1 3 2
  -------
```

(4)
```
    5 3 9
  + 3 2 5
  -------
```

(8)
```
    5 4 5
  + 1 8 2
  -------
```

(9)
```
    4 4 5
  + 1 7 0
  ───────
```

(13)
```
    9 5 2
  + 1 2 3
  ───────
```

(10)
```
    5 0 2
  + 2 1 9
  ───────
```

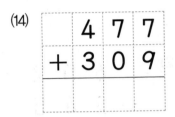

(14)
```
    4 7 7
  + 3 0 9
  ───────
```

(11)
```
    6 3 5
  + 2 2 8
  ───────
```

(15)
```
    3 8 9
  + 4 6 0
  ───────
```

(12)
```
    7 8 7
  + 1 3 1
  ───────
```

(16)
```
    1 0 9
  + 7 4 4
  ───────
```

받아올림이 있는
(세 자리 수)+(세 자리 수) (2)

2주차

요일	교재 번호	학습한 날짜		확인
1일차(월)	01~08	월	일	
2일차(화)	09~16	월	일	
3일차(수)	17~24	월	일	
4일차(목)	25~32	월	일	
5일차(금)	33~40	월	일	

● 덧셈을 하세요.

(1)
```
    1 0 9
  + 1 0 2
  -------
```

(5)
```
    4 0 6
  + 2 1 6
  -------
```

(2)
```
    2 4 6
  + 1 0 5
  -------
```

(6)
```
    5 1 4
  + 1 3 7
  -------
```

(3)
```
    2 6 7
  + 2 2 4
  -------
```

(7)
```
    1 5 2
  + 4 3 9
  -------
```

(4)
```
    3 2 5
  + 1 1 5
  -------
```

(8)
```
    2 1 7
  + 3 1 5
  -------
```

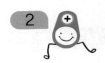

(9)
```
    2 6 2
+   1 4 2
─────────
```

(13)
```
    5 4 0
+   1 6 0
─────────
```

(10)
```
    3 7 7
+   1 4 1
─────────
```

(14)
```
    6 8 4
+   2 3 2
─────────
```

(11)
```
    4 5 2
+   2 6 4
─────────
```

(15)
```
    4 9 2
+   1 1 1
─────────
```

(12)
```
    4 8 3
+   1 5 1
─────────
```

(16)
```
    3 6 0
+   3 5 5
─────────
```

● 덧셈을 하세요.

(1)
```
    [1] [1]
     1  6  7
  +  1  3  3
     3  0  0
```

(5)
```
     1  8  8
  +  1  6  9
```

(2)
```
     1  6  7
  +  1  5  4
```

(6)
```
     1  4  5
  +  1  4  6
```

(3)
```
     1  7  8
  +  1  4  4
```

(7)
```
     1  3  6
  +  1  7  7
```

(4)
```
     1  6  9
  +  1  6  6
```

(8)
```
     1  9  5
  +  1  4  9
```

(9)
```
    1 3 0
+   1 8 9
─────────
```

(13)
```
    1 9 3
+   1 3 7
─────────
```

(10)
```
    1 8 6
+   1 2 6
─────────
```

(14)
```
    1 2 9
+   1 8 3
─────────
```

(11)
```
    1 9 6
+   1 2 5
─────────
```

(15)
```
    1 6 7
+   1 4 4
─────────
```

(12)
```
    1 7 4
+   1 5 6
─────────
```

(16)
```
    1 5 8
+   1 7 3
─────────
```

● 덧셈을 하세요.

(1)
```
      □ □
    2 6 3
  + 1 4 8
```

(5)
```
    2 8 2
  + 1 6 8
```

(2)
```
    2 7 5
  + 1 6 6
```

(6)
```
    1 7 8
  + 2 0 2
```

(3)
```
    2 8 3
  + 1 4 8
```

(7)
```
    1 2 4
  + 2 9 8
```

(4)
```
    2 5 8
  + 1 7 4
```

(8)
```
    2 9 4
  + 1 2 7
```

(9)
```
    2 3 6
+   1 8 7
─────────
```

(13)
```
    2 2 9
+   1 5 3
─────────
```

(10)
```
    2 9 3
+   1 2 8
─────────
```

(14)
```
    2 3 5
+   1 9 5
─────────
```

(11)
```
    2 7 6
+   1 5 7
─────────
```

(15)
```
    1 7 9
+   2 4 2
─────────
```

(12)
```
    2 6 8
+   1 5 3
─────────
```

(16)
```
    1 7 6
+   2 4 7
─────────
```

● 덧셈을 하세요.

(1)
```
    □ □
    1 4 7
  + 1 5 4
```

(5)
```
    1 9 9
  + 2 0 1
```

(2)
```
    1 5 6
  + 1 5 6
```

(6)
```
    1 7 6
  + 1 6 7
```

(3)
```
    2 4 8
  + 1 5 2
```

(7)
```
    2 8 6
  + 1 6 9
```

(4)
```
    1 9 3
  + 1 1 4
```

(8)
```
    1 6 2
  + 2 4 9
```

(9)
```
    2 3 3
+   1 9 8
─────────
```

(13)
```
    1 5 4
+   2 4 6
─────────
```

(10)
```
    1 5 4
+   1 7 7
─────────
```

(14)
```
    2 4 5
+   1 5 7
─────────
```

(11)
```
    1 6 7
+   2 2 7
─────────
```

(15)
```
    1 5 6
+   1 4 9
─────────
```

(12)
```
    1 6 5
+   1 7 6
─────────
```

(16)
```
    2 2 8
+   1 7 8
─────────
```

MD02 받아올림이 있는 (세 자리 수)+(세 자리 수) (2)

● 덧셈을 하세요.

(1)
$$\begin{array}{r} 1\ 3\ 0 \\ +\ 1\ 9\ 0 \\ \hline \end{array}$$

(5)
$$\begin{array}{r} 1\ 6\ 7 \\ +\ 2\ 8\ 4 \\ \hline \end{array}$$

(2)
$$\begin{array}{r} 1\ 4\ 9 \\ +\ 1\ 3\ 5 \\ \hline \end{array}$$

(6)
$$\begin{array}{r} 1\ 8\ 3 \\ +\ 1\ 3\ 9 \\ \hline \end{array}$$

(3)
$$\begin{array}{r} 1\ 5\ 8 \\ +\ 1\ 7\ 4 \\ \hline \end{array}$$

(7)
$$\begin{array}{r} 2\ 7\ 4 \\ +\ 1\ 6\ 7 \\ \hline \end{array}$$

(4)
$$\begin{array}{r} 1\ 3\ 7 \\ +\ 1\ 8\ 5 \\ \hline \end{array}$$

(8)
$$\begin{array}{r} 1\ 8\ 8 \\ +\ 1\ 3\ 3 \\ \hline \end{array}$$

(9)
```
    2 9 3
 +  1 3 8
 ─────────
```

(13)
```
    1 9 3
 +  2 3 7
 ─────────
```

(10)
```
    2 5 9
 +  1 7 3
 ─────────
```

(14)
```
    1 8 4
 +  2 3 6
 ─────────
```

(11)
```
    1 8 7
 +  1 3 5
 ─────────
```

(15)
```
    2 5 7
 +  1 5 7
 ─────────
```

(12)
```
    2 6 6
 +  1 7 5
 ─────────
```

(16)
```
    1 3 9
 +  2 8 6
 ─────────
```

MD02 받아올림이 있는 (세 자리 수) + (세 자리 수) (2)

● 덧셈을 하세요.

(1)
```
  3 9 3
+ 1 3 3
-------
```

(5)
```
  3 7 9
+ 1 4 3
-------
```

(2)
```
  3 9 8
+ 1 4 7
-------
```

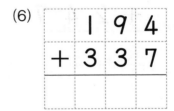

(6)
```
  1 9 4
+ 3 3 7
-------
```

(3)
```
  1 4 8
+ 3 7 6
-------
```

(7)
```
  3 4 7
+ 1 8 8
-------
```

(4)
```
  1 6 5
+ 3 5 9
-------
```

(8)
```
  3 8 9
+ 1 3 4
-------
```

(9)
```
    2 6 8
+   2 6 3
─────────
```

(13)
```
    2 4 5
+   2 6 5
─────────
```

(10)
```
    2 7 3
+   2 4 7
─────────
```

(14)
```
    2 4 6
+   2 4 2
─────────
```

(11)
```
    2 4 5
+   2 8 9
─────────
```

(15)
```
    2 8 4
+   2 6 9
─────────
```

(12)
```
    2 9 9
+   1 7 9
─────────
```

(16)
```
    2 0 6
+   2 9 4
─────────
```

MD02 받아올림이 있는 (세 자리 수)+(세 자리 수) (2)

● 덧셈을 하세요.

(1)
```
    2 7 3
  + 1 4 4
  -------
```

(5)
```
    3 9 1
  + 1 0 9
  -------
```

(2)
```
    1 7 9
  + 1 6 4
  -------
```

(6)
```
    1 7 9
  + 1 6 2
  -------
```

(3)
```
    1 5 7
  + 3 8 4
  -------
```

(7)
```
    1 8 8
  + 1 4 8
  -------
```

(4)
```
    2 6 9
  + 2 4 6
  -------
```

(8)
```
    2 5 8
  + 1 4 2
  -------
```

(9)
```
    2 0 6
+   1 9 4
─────────
```

(13)
```
    3 1 9
+   1 8 4
─────────
```

(10)
```
    1 2 2
+   2 7 8
─────────
```

(14)
```
    3 6 7
+   1 3 4
─────────
```

(11)
```
    2 8 3
+   2 1 9
─────────
```

(15)
```
    1 7 8
+   3 2 5
─────────
```

(12)
```
    2 6 8
+   2 3 7
─────────
```

(16)
```
    2 5 5
+   2 4 6
─────────
```

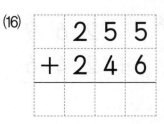

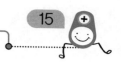

MD02 받아올림이 있는 (세 자리 수)+(세 자리 수) (2)

● 덧셈을 하세요.

(1)
```
    4 7 9
+   1 4 6
─────────
```

(5)
```
    4 9 3
+   1 2 8
─────────
```

(2)
```
    4 4 5
+   1 7 6
─────────
```

(6)
```
    5 7 9
+   1 3 4
─────────
```

(3)
```
    4 8 8
+   1 3 4
─────────
```

(7)
```
    5 9 6
+   1 2 6
─────────
```

(4)
```
    4 7 6
+   1 5 7
─────────
```

(8)
```
    5 1 8
+   1 3 7
─────────
```

(9)
```
    3 3 6
+   2 8 7
─────────
```

(13)
```
    2 0 1
+   3 9 9
─────────
```

(10)
```
    3 9 9
+   2 0 2
─────────
```

(14)
```
    4 4 7
+   2 9 6
─────────
```

(11)
```
    3 7 4
+   2 5 9
─────────
```

(15)
```
    4 8 7
+   2 3 4
─────────
```

(12)
```
    2 7 7
+   3 3 7
─────────
```

(16)
```
    4 8 9
+   2 3 4
─────────
```

MD02 받아올림이 있는 (세 자리 수)+(세 자리 수) (2)

● 덧셈을 하세요.

(1)
```
    3 6 7
+   1 5 4
─────────
```

(5)
```
    5 9 3
+   1 2 9
─────────
```

(2)
```
    3 7 8
+   1 4 6
─────────
```

(6)
```
    2 5 8
+   2 4 2
─────────
```

(3)
```
    3 9 3
+   1 3 7
─────────
```

(7)
```
    3 8 7
+   2 3 8
─────────
```

(4)
```
    4 6 0
+   1 4 9
─────────
```

(8)
```
    2 8 9
+   3 6 3
─────────
```

(9)
```
    1 9 0
  + 3 4 6
  -------
```

(13)
```
    4 9 4
  + 1 3 9
  -------
```

(10)
```
    1 4 5
  + 3 6 8
  -------
```

(14)
```
    2 4 9
  + 2 7 3
  -------
```

(11)
```
    1 6 9
  + 3 5 4
  -------
```

(15)
```
    4 7 7
  + 2 3 3
  -------
```

(12)
```
    3 5 8
  + 1 7 3
  -------
```

(16)
```
    1 0 9
  + 3 0 1
  -------
```

● 덧셈을 하세요.

(1)
```
    3 4 7
  + 3 6 5
  -------
```

(5)
```
    1 9 9
  + 3 0 1
  -------
```

(2)
```
    3 8 9
  + 3 5 7
  -------
```

(6)
```
    1 6 7
  + 4 5 4
  -------
```

(3)
```
    3 7 8
  + 3 6 4
  -------
```

(7)
```
    1 9 2
  + 4 2 7
  -------
```

(4)
```
    3 7 4
  + 3 4 8
  -------
```

(8)
```
    3 7 8
  + 2 6 4
  -------
```

(9)
```
    4 7 5
+   3 5 7
─────────
```

(13)
```
    2 7 3
+   4 4 8
─────────
```

(10)
```
    4 8 9
+   3 4 4
─────────
```

(14)
```
    2 7 9
+   4 4 2
─────────
```

(11)
```
    4 7 6
+   2 5 8
─────────
```

(15)
```
    2 9 9
+   5 3 3
─────────
```

(12)
```
    4 3 9
+   1 7 4
─────────
```

(16)
```
    4 6 7
+   3 4 7
─────────
```

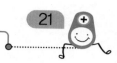

MD02 받아올림이 있는 (세 자리 수)+(세 자리 수) (2)

● 덧셈을 하세요.

(1)
```
    5 8 9
+   2 1 5
─────────
```

(5)
```
    2 6 7
+   3 4 7
─────────
```

(2)
```
    5 6 5
+   2 4 8
─────────
```

(6)
```
    2 9 8
+   4 0 9
─────────
```

(3)
```
    5 7 3
+   2 6 7
─────────
```

(7)
```
    2 6 3
+   4 3 7
─────────
```

(4)
```
    2 8 5
+   3 4 6
─────────
```

(8)
```
    1 8 6
+   5 5 3
─────────
```

(9)
```
    1 9 3
  + 6 1 7
  ───────
```

(13)
```
    2 6 8
  + 4 6 8
  ───────
```

(10)
```
    2 6 7
  + 5 6 8
  ───────
```

(14)
```
    2 4 9
  + 4 8 1
  ───────
```

(11)
```
    4 9 9
  + 4 6 7
  ───────
```

(15)
```
    5 4 5
  + 3 6 8
  ───────
```

(12)
```
    4 6 8
  + 4 5 7
  ───────
```

(16)
```
    5 4 8
  + 3 8 9
  ───────
```

MD02 받아올림이 있는 (세 자리 수)+(세 자리 수) (2)

● 덧셈을 하세요.

(1)

	1	1	
	8	3	0
+	1	7	0
1	0	0	0

(5)

	7	8	0
+	3	2	0

(2)

	9	9	0
+	1	1	0

(6)

	4	6	0
+	5	4	0

(3)

	6	9	0
+	3	1	0

(7)

	2	7	0
+	8	4	0

(4)

	5	5	0
+	5	5	0

(8)

	1	9	0
+	9	1	0

(9)
```
    9 8 0
+   1 2 0
─────────
```

(13)
```
    8 5 0
+   4 5 0
─────────
```

(10)
```
    8 9 0
+   1 3 0
─────────
```

(14)
```
    5 9 0
+   6 2 0
─────────
```

(11)
```
    6 7 0
+   4 6 0
─────────
```

(15)
```
    3 6 0
+   9 6 0
─────────
```

(12)
```
    7 7 0
+   2 8 0
─────────
```

(16)
```
    1 8 0
+   9 9 0
─────────
```

MD02 받아올림이 있는 (세 자리 수)+(세 자리 수) (2)

● 덧셈을 하세요.

(1)
```
   1 8 6
 + 1 4 5
```

(5)
```
   3 4 5
 + 1 9 9
```

(2)
```
   1 2 9
 + 1 7 3
```

(6)
```
   2 2 9
 + 2 8 1
```

(3)
```
   2 0 8
 + 1 9 4
```

(7)
```
   2 4 7
 + 2 8 9
```

(4)
```
   3 4 6
 + 1 7 7
```

(8)
```
   2 5 2
 + 1 5 8
```

(9)
```
   2 7 7
 + 1 6 9
```

(13)
```
   2 7 8
 + 2 6 4
```

(10)
```
   1 5 8
 + 2 7 6
```

(14)
```
   2 5 9
 + 1 7 6
```

(11)
```
   1 9 2
 + 3 8 8
```

(15)
```
   1 2 8
 + 1 8 4
```

(12)
```
   1 8 6
 + 3 7 5
```

(16)
```
   1 6 7
 + 1 6 5
```

MD02 받아올림이 있는 (세 자리 수)+(세 자리 수) (2)

● 덧셈을 하세요.

(1)
```
    1 6 7
+   3 5 3
─────────
```

(5)
```
    3 8 8
+   1 2 2
─────────
```

(2)
```
    1 4 8
+   3 6 5
─────────
```

(6)
```
    3 9 0
+   1 1 9
─────────
```

(3)
```
    2 1 7
+   2 7 3
─────────
```

(7)
```
    2 4 6
+   2 9 8
─────────
```

(4)
```
    3 5 6
+   1 5 4
─────────
```

(8)
```
    2 2 5
+   2 9 9
─────────
```

(9)
```
    1 7 9
+   1 4 3
─────────
```

(13)
```
    1 7 5
+   2 6 7
─────────
```

(10)
```
    1 8 7
+   1 3 6
─────────
```

(14)
```
    2 8 8
+   2 5 5
─────────
```

(11)
```
    2 9 8
+   1 4 3
─────────
```

(15)
```
    2 7 3
+   2 6 7
─────────
```

(12)
```
    2 7 8
+   1 9 2
─────────
```

(16)
```
    2 6 8
+   2 3 9
─────────
```

MD02 받아올림이 있는 (세 자리 수)+(세 자리 수) (2)

● 덧셈을 하세요.

(1)
```
    4 4 4
  + 1 4 6
```

(5)
```
    3 5 8
  + 3 6 2
```

(2)
```
    4 5 9
  + 1 6 3
```

(6)
```
    2 7 7
  + 3 2 3
```

(3)
```
    3 7 7
  + 3 4 5
```

(7)
```
    2 0 9
  + 3 7 9
```

(4)
```
    3 5 8
  + 3 4 2
```

(8)
```
    4 7 8
  + 2 6 3
```

(9)
```
    4 9 1
  + 2 2 9
  -------
```

(13)
```
    1 7 6
  + 4 6 9
  -------
```

(10)
```
    4 7 0
  + 2 6 9
  -------
```

(14)
```
    2 8 7
  + 4 3 6
  -------
```

(11)
```
    3 4 2
  + 3 8 9
  -------
```

(15)
```
    4 9 7
  + 2 2 4
  -------
```

(12)
```
    3 8 7
  + 3 5 7
  -------
```

(16)
```
    3 2 7
  + 2 9 9
  -------
```

● 덧셈을 하세요.

(1)
```
   3 7 6
 + 3 4 6
```

(5)
```
   1 6 7
 + 5 4 3
```

(2)
```
   3 8 9
 + 2 3 5
```

(6)
```
   3 4 5
 + 3 7 8
```

(3)
```
   2 7 4
 + 3 7 8
```

(7)
```
   4 2 6
 + 2 7 4
```

(4)
```
   2 7 6
 + 4 6 5
```

(8)
```
   4 6 7
 + 1 5 6
```

(9)
```
    2 7 9
  + 4 0 1
  -------
```

(13)
```
    5 6 4
  + 1 6 6
  -------
```

(10)
```
    2 4 7
  + 4 5 5
  -------
```

(14)
```
    4 8 8
  + 1 6 4
  -------
```

(11)
```
    2 8 8
  + 3 1 7
  -------
```

(15)
```
    3 5 6
  + 3 7 9
  -------
```

(12)
```
    1 9 9
  + 4 0 9
  -------
```

(16)
```
    3 8 9
  + 3 6 5
  -------
```

MD02 받아올림이 있는 (세 자리 수)+(세 자리 수) (2)

● 덧셈을 하세요.

(1)
```
    6 5 6
  + 1 5 7
```

(5)
```
    3 8 7
  + 5 3 9
```

(2)
```
    6 8 6
  + 2 2 7
```

(6)
```
    4 2 9
  + 2 7 2
```

(3)
```
    4 5 7
  + 3 5 6
```

(7)
```
    3 6 7
  + 4 5 4
```

(4)
```
    4 7 8
  + 3 5 7
```

(8)
```
    5 6 1
  + 3 6 7
```

(9)
```
    5 9 5
  + 3 6 7
```

(13)
```
    2 6 6
  + 5 8 6
```

(10)
```
    4 8 2
  + 3 4 8
```

(14)
```
    3 7 9
  + 5 6 7
```

(11)
```
    4 7 9
  + 3 6 6
```

(15)
```
    1 7 6
  + 7 4 7
```

(12)
```
    2 8 2
  + 4 3 9
```

(16)
```
    8 8 0
  + 1 2 0
```

MD02 받아올림이 있는 (세 자리 수)+(세 자리 수) (2)

● 덧셈을 하세요.

(1)
```
    1 9 2
+   5 5 9
---------
```

(5)
```
    6 4 0
+   3 6 0
---------
```

(2)
```
    7 6 8
+   1 5 8
---------
```

(6)
```
    5 1 8
+   3 9 8
---------
```

(3)
```
    6 7 9
+   1 6 7
---------
```

(7)
```
    2 2 9
+   4 4 4
---------
```

(4)
```
    6 6 7
+   2 4 6
---------
```

(8)
```
    3 9 7
+   5 1 7
---------
```

(9)
```
    6 3 4
  + 1 5 7
  -------
```

(13)
```
    5 9 1
  + 2 4 9
  -------
```

(10)
```
    6 4 5
  + 2 5 5
  -------
```

(14)
```
    5 9 6
  + 3 1 7
  -------
```

(11)
```
    3 6 7
  + 4 4 9
  -------
```

(15)
```
    4 4 8
  + 3 8 7
  -------
```

(12)
```
    6 8 4
  + 1 2 8
  -------
```

(16)
```
    4 8 5
  + 4 3 6
  -------
```

MD02 받아올림이 있는 (세 자리 수)+(세 자리 수) (2)

● 덧셈을 하세요.

(1)
```
    1 7 7
+   3 6 3
─────────
```

(5)
```
    4 4 8
+   2 7 4
─────────
```

(2)
```
    4 4 8
+   3 7 8
─────────
```

(6)
```
    3 9 3
+   3 6 3
─────────
```

(3)
```
    5 7 5
+   2 7 9
─────────
```

(7)
```
    6 4 7
+   2 6 6
─────────
```

(4)
```
    4 9 7
+   3 2 8
─────────
```

(8)
```
    1 7 1
+   2 3 9
─────────
```

(9)
```
    4 8 7
+   2 5 8
─────────
```

(13)
```
    2 9 6
+   3 4 5
─────────
```

(10)
```
    4 8 6
+   4 4 7
─────────
```

(14)
```
    5 7 0
+   8 4 0
─────────
```

(11)
```
    3 8 8
+   3 6 3
─────────
```

(15)
```
    3 6 1
+   4 3 9
─────────
```

(12)
```
    2 4 7
+   2 6 5
─────────
```

(16)
```
    4 7 8
+   4 3 2
─────────
```

MD02 받아올림이 있는 (세 자리 수) + (세 자리 수) (2)

● 덧셈을 하세요.

(1)
```
    5 7 1
 +  3 7 6
```

(5)
```
    3 7 4
 +  4 4 6
```

(2)
```
    5 7 6
 +  1 9 4
```

(6)
```
    3 7 8
 +  3 5 6
```

(3)
```
    4 6 5
 +  3 7 9
```

(7)
```
    1 6 5
 +  5 4 8
```

(4)
```
    4 9 6
 +  2 3 5
```

(8)
```
    2 6 7
 +  5 3 7
```

(9)
```
    6 7 1
  + 1 5 9
  _____
```

(13)
```
    2 9 8
  + 5 4 4
  _____
```

(10)
```
    6 6 5
  + 2 6 8
  _____
```

(14)
```
    3 9 6
  + 4 1 1
  _____
```

(11)
```
    5 0 3
  + 3 9 7
  _____
```

(15)
```
    4 6 8
  + 3 7 3
  _____
```

(12)
```
    5 5 9
  + 2 4 1
  _____
```

(16)
```
    7 1 0
  + 3 9 0
  _____
```

3주차

받아올림이 있는
(세 자리 수)+(세 자리 수) (3)

요일	교재 번호	학습한 날짜		확인
1일차(월)	01~08	월	일	
2일차(화)	09~16	월	일	
3일차(수)	17~24	월	일	
4일차(목)	25~32	월	일	
5일차(금)	33~40	월	일	

1

● 덧셈을 하세요.

(1)
```
    1 7 3
  + 1 4 7
```

(5)
```
    2 5 9
  + 1 5 4
```

(2)
```
    2 6 7
  + 1 5 4
```

(6)
```
    3 4 8
  + 1 5 9
```

(3)
```
    2 7 6
  + 1 4 7
```

(7)
```
    2 9 5
  + 2 3 6
```

(4)
```
    1 8 8
  + 1 2 7
```

(8)
```
    2 8 4
  + 2 3 8
```

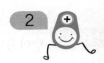

(9)
```
    4 5 7
+   1 5 3
─────────
```

(13)
```
    2 4 6
+   3 7 8
─────────
```

(10)
```
    5 6 9
+   1 6 6
─────────
```

(14)
```
    3 9 8
+   3 0 8
─────────
```

(11)
```
    4 8 5
+   2 5 9
─────────
```

(15)
```
    6 9 9
+   2 1 9
─────────
```

(12)
```
    3 7 8
+   3 4 2
─────────
```

(16)
```
    4 7 7
+   3 6 7
─────────
```

3

● 덧셈을 하세요.

(1)
```
    6 0 0
  + 4 0 0
```

(5)
```
    7 1 5
  + 3 2 0
```

(2)
```
    9 0 0
  + 1 0 0
```

(6)
```
    6 1 0
  + 4 3 0
```

(3)
```
    5 0 0
  + 6 1 0
```

(7)
```
    6 2 4
  + 5 2 3
```

(4)
```
    8 1 2
  + 2 1 0
```

(8)
```
    5 3 5
  + 5 2 0
```

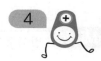

(9)

```
    6 3 4
+   5 3 2
─────────
```

(13)

```
    8 8 3
+   4 1 2
─────────
```

(10)

```
    6 2 8
+   6 4 1
─────────
```

(14)

```
    4 7 4
+   6 1 3
─────────
```

(11)

```
    7 5 7
+   4 2 1
─────────
```

(15)

```
    9 6 1
+   2 2 1
─────────
```

(12)

```
    7 4 6
+   5 4 3
─────────
```

(16)

```
    9 0 9
+   5 3 0
─────────
```

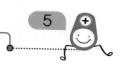

● 덧셈을 하세요.

(1)
```
  □   □
  8 0 9
+ 2 3 1
───────
```

(5)
```
  6 3 8
+ 6 2 7
───────
```

(2)
```
  5 2 3
+ 5 3 8
───────
```

(6)
```
  7 5 4
+ 4 1 6
───────
```

(3)
```
  7 1 5
+ 3 2 7
───────
```

(7)
```
  6 4 1
+ 4 0 9
───────
```

(4)
```
  6 2 9
+ 5 2 6
───────
```

(8)
```
  7 3 8
+ 4 0 8
───────
```

6

(9)
```
    8 6 9
+   4 1 1
─────────
```

(13)
```
    6 4 9
+   6 2 4
─────────
```

(10)
```
    8 0 6
+   5 3 6
─────────
```

(14)
```
    5 8 8
+   6 0 5
─────────
```

(11)
```
    9 2 6
+   1 3 7
─────────
```

(15)
```
    6 6 3
+   7 1 8
─────────
```

(12)
```
    9 8 7
+   2 0 4
─────────
```

(16)
```
    8 4 2
+   5 4 8
─────────
```

● 덧셈을 하세요.

□ □

(1)
```
    7 9 3
  + 3 2 0
```

(5)
```
    8 8 7
  + 3 3 0
```

(2)
```
    6 5 3
  + 4 6 1
```

(6)
```
    7 9 2
  + 4 3 5
```

(3)
```
    6 5 2
  + 5 6 3
```

(7)
```
    6 0 8
  + 5 1 2
```

(4)
```
    7 7 4
  + 4 4 2
```

(8)
```
    7 2 9
  + 3 3 1
```

(9)
```
    8 7 4
+   4 4 4
─────────
```

(13)
```
    7 6 1
+   4 7 4
─────────
```

(10)
```
    9 9 7
+   3 2 1
─────────
```

(14)
```
    8 2 3
+   5 8 1
─────────
```

(11)
```
    9 8 5
+   2 4 3
─────────
```

(15)
```
    7 2 2
+   4 9 6
─────────
```

(12)
```
    6 2 7
+   6 9 2
─────────
```

(16)
```
    6 7 1
+   5 6 7
─────────
```

MD03 받아올림이 있는 (세 자리 수)+(세 자리 수) (3)

● 덧셈을 하세요.

(1)
```
    3 0 2
+       8
```

(5)
```
    7 0 6
+     9 9
```

(2)
```
    4 7 6
+       4
```

(6)
```
    6 2 3
+     7 8
```

(3)
```
    5 9 5
+       6
```

(7)
```
    9 4 0
+     8 0
```

(4)
```
    6 9 1
+       9
```

(8)
```
    9 9 0
+     1 0
```

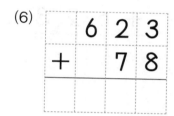

(9)

```
    8 2 7
+   2 1 3
─────────
```

(13)

```
    5 8 1
+   4 2 2
─────────
```

(10)

```
    7 3 8
+   6 2 3
─────────
```

(14)

```
    7 7 4
+   4 4 2
─────────
```

(11)

```
    5 0 6
+   6 4 5
─────────
```

(15)

```
    8 9 5
+   2 3 3
─────────
```

(12)

```
    6 7 7
+   4 1 6
─────────
```

(16)

```
    9 6 6
+   3 5 2
─────────
```

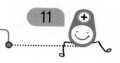

● 덧셈을 하세요.

(1)

1	1	1
9	9	9
+		1
1	0	0	0

(5)

□	□	□
9	8	9
+	1	1

(2)

9	9	6
+		4

(6)

9	7	8
+	2	2

(3)

9	9	3
+		7

(7)

9	9	9
+	3	4

(4)

9	9	8
+		4

(8)

9	4	6
+	8	7

(9)

I	I	I
2	9	1
+ 8	2	9
1 1 2		0

(13)

4	8	9
+ 3	7	4

(10)

8	2	3
+ 3	8	6

(14)

7	2	9
+ 4	1	3

(11)

6	8	2
+ 4	0	1

(15)

3	8	4
+ 8	2	6

(12)

5	7	6
+ 2	6	5

(16)

8	3	6
+ 3	7	5

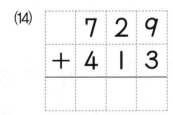

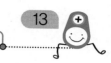

MD03 받아올림이 있는 (세 자리 수)+(세 자리 수) (3)

● 덧셈을 하세요.

(1)
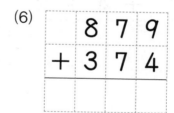

	□	□	□
	8	7	6
+	1	4	5

(5)

	8	6	5
+	2	5	6

(2)

	8	6	4
+	1	6	8

(6)

	8	7	9
+	3	7	4

(3)

	8	7	8
+	1	5	3

(7)

	1	4	8
+	8	8	6

(4)

	8	8	7
+	2	4	4

(8)

	2	8	7
+	8	7	5

(9)
```
    8 9 1
  + 3 3 2
  -------
```

(13)
```
    1 7 6
  + 8 3 7
  -------
```

(10)
```
    8 9 8
  + 4 1 2
  -------
```

(14)
```
    8 5 6
  + 2 6 7
  -------
```

(11)
```
    8 5 8
  + 4 5 7
  -------
```

(15)
```
    9 9 9
  + 2 4 1
  -------
```

(12)
```
    3 6 7
  + 8 5 6
  -------
```

(16)
```
    8 1 9
  + 5 6 5
  -------
```

MD03 받아올림이 있는 (세 자리 수)+(세 자리 수) (3)

● 덧셈을 하세요.

(1)

	1	1	1
	7	5	5
+	2	4	5
1	0	0	0

(5)

	7	2	7
+	3	3	6

(2)

	7	6	8
+	2	3	7

(6)

	7	6	5
+	4	7	6

(3)

	7	8	6
+	2	3	5

(7)

	3	1	9
+	7	9	3

(4)

	7	9	3
+	3	4	8

(8)

	4	3	6
+	7	8	7

(9)
```
    4 1 3
+   7 8 4
─────────
```

(13)
```
    2 0 9
+   7 9 2
─────────
```

(10)
```
    7 4 4
+   5 8 2
─────────
```

(14)
```
    7 4 5
+   6 5 6
─────────
```

(11)
```
    7 2 9
+   5 7 6
─────────
```

(15)
```
    7 9 8
+   6 0 2
─────────
```

(12)
```
    4 5 7
+   6 4 4
─────────
```

(16)
```
    7 6 7
+   7 3 4
─────────
```

MD03 받아올림이 있는 (세 자리 수)+(세 자리 수) (3)

● 덧셈을 하세요.

(1)
```
    8 4 9
 +  1 7 1
 ─────────
```

(5)
```
    7 9 4
 +  2 3 6
 ─────────
```

(2)
```
    8 7 8
 +  2 6 3
 ─────────
```

(6)
```
    3 8 5
 +  8 3 8
 ─────────
```

(3)
```
    8 6 7
 +  5 4 5
 ─────────
```

(7)
```
    2 9 6
 +  8 0 8
 ─────────
```

(4)
```
    8 7 6
 +  3 4 6
 ─────────
```

(8)
```
    7 2 7
 +  3 6 3
 ─────────
```

(9)
```
    7 7 7
+   3 3 3
─────────
```

(13)
```
    4 8 1
+   7 2 9
─────────
```

(10)
```
    7 4 4
+   4 8 7
─────────
```

(14)
```
    3 6 7
+   7 4 8
─────────
```

(11)
```
    7 5 9
+   5 5 4
─────────
```

(15)
```
    1 2 1
+   8 8 9
─────────
```

(12)
```
    8 9 6
+   4 0 5
─────────
```

(16)
```
    2 6 3
+   9 7 8
─────────
```

MD03 받아올림이 있는 (세 자리 수)+(세 자리 수) (3)

● 덧셈을 하세요.

(1)
```
    6 6 4
+   3 5 6
─────────
```

(5)
```
    6 9 2
+   4 8 5
─────────
```

(2)
```
    6 7 9
+   3 4 3
─────────
```

(6)
```
    3 8 7
+   7 3 4
─────────
```

(3)
```
    7 6 8
+   4 5 2
─────────
```

(7)
```
  1 9 0 0
+   1 0 0
─────────
  2 0 0 0
```

(4)
```
    6 9 3
+   4 3 7
─────────
```

(8)
```
  1 7 0 0
+   3 0 0
─────────
```

(9)
```
   6 9 9
+  7 6 1
```

(13)
```
   4 9 8
+  6 0 3
```

(10)
```
   7 9 2
+  6 3 8
```

(14)
```
   5 8 4
+  6 3 9
```

(11)
```
   7 6 3
+  7 7 8
```

(15)
```
   8 8 7
+  6 1 3
```

(12)
```
   8 7 7
+  7 4 4
```

(16)
```
   9 0 1
+  4 9 9
```

MD03 받아올림이 있는 (세 자리 수)+(세 자리 수) (3)

● 덧셈을 하세요.

(1)
```
    5 7 8
 +  4 3 2
```

(5)
```
    4 8 4
 +  6 1 6
```

(2)
```
    5 6 6
 +  4 3 4
```

(6)
```
    3 7 8
 +  8 7 3
```

(3)
```
    5 7 4
 +  5 2 7
```

(7)
```
  1 7 0 0
 +   5 0 0
```

(4)
```
    9 6 5
 +  3 6 7
```

(8)
```
  2 8 0 0
 +   4 0 0
```

(9)
```
    8 9 4
  + 5 0 2
  -------
```

(13)
```
    4 8 3
  + 7 4 8
  -------
```

(10)
```
    9 7 7
  + 5 5 6
  -------
```

(14)
```
    4 6 9
  + 5 4 6
  -------
```

(11)
```
    5 5 5
  + 5 4 4
  -------
```

(15)
```
    7 4 5
  + 7 7 6
  -------
```

(12)
```
    5 3 7
  + 5 7 4
  -------
```

(16)
```
    6 8 5
  + 5 3 7
  -------
```

MD03 받아올림이 있는 (세 자리 수)+(세 자리 수) (3)

● 덧셈을 하세요.

(1)
```
    9 7 6
+   1 5 4
─────────
```

(2)
```
    9 9 1
+   1 0 9
─────────
```

(3)
```
    9 7 4
+   2 9 7
─────────
```

(4)
```
    9 5 4
+   4 7 6
─────────
```

(5)
```
    9 6 9
+   3 8 4
─────────
```

(6)
```
    8 7 6
+   5 3 5
─────────
```

(7)
```
  2 8 6 0
+   4 7 0
─────────
```

(8)
```
  3 9 7 0
+   4 6 0
─────────
```

(9)
```
    3 7 8
+   9 7 4
─────────
```

(13)
```
    7 3 8
+   8 6 5
─────────
```

(10)
```
    7 6 7
+   8 6 8
─────────
```

(14)
```
    9 0 4
+   1 6 9
─────────
```

(11)
```
    9 4 7
+   5 6 4
─────────
```

(15)
```
    7 2 6
+   4 8 6
─────────
```

(12)
```
    8 8 6
+   6 4 4
─────────
```

(16)
```
    6 9 7
+   5 0 7
─────────
```

MD03 받아올림이 있는 (세 자리 수)+(세 자리 수) (3)

● 덧셈을 하세요.

(1)
```
    9 8 2
+   3 3 8
─────────
```

(5)
```
    6 5 7
+   6 5 4
─────────
```

(2)
```
    7 5 6
+   5 4 7
─────────
```

(6)
```
    7 8 5
+   6 3 8
─────────
```

(3)
```
    8 7 3
+   4 5 6
─────────
```

(7)
```
  1 2 0 0
+   8 0 0
─────────
```

(4)
```
    6 4 7
+   3 7 3
─────────
```

(8)
```
  1 4 0 0
+   9 0 0
─────────
```

(9)
```
    3 9 9
+   2 0 1
─────────
```

(13)
```
    7 1 5
+   7 3 8
─────────
```

(10)
```
    8 6 3
+   9 9 6
─────────
```

(14)
```
    3 9 9
+   7 8 8
─────────
```

(11)
```
    6 2 5
+   3 8 5
─────────
```

(15)
```
    5 6 7
+   7 5 4
─────────
```

(12)
```
    9 1 3
+   2 8 9
─────────
```

(16)
```
    1 7 5
+   8 4 6
─────────
```

MD03 받아올림이 있는 (세 자리 수)+(세 자리 수) (3)

● 덧셈을 하세요.

(1)
```
    8 5 5
  + 7 4 6
```

(5)
```
    3 1 4
  + 7 8 6
```

(2)
```
    8 9 3
  + 6 0 7
```

(6)
```
    6 2 8
  + 4 7 2
```

(3)
```
    9 4 1
  + 2 5 7
```

(7)
```
  1 7 9 0
  +   2 1 0
```

(4)
```
    9 8 5
  + 2 1 5
```

(8)
```
  2 4 8 0
  +   6 2 0
```

(9)
```
    5 8 6
+   4 3 5
─────────
```

(13)
```
    4 6 2
+   5 6 9
─────────
```

(10)
```
    3 7 7
+   6 3 5
─────────
```

(14)
```
    1 2 8
+   8 9 9
─────────
```

(11)
```
    8 0 8
+   2 0 2
─────────
```

(15)
```
    1 8 6
+   8 4 7
─────────
```

(12)
```
    4 4 5
+   5 6 5
─────────
```

(16)
```
    4 7 4
+   5 5 7
─────────
```

MD03 받아올림이 있는 (세 자리 수)+(세 자리 수) (3)

● 덧셈을 하세요.

(1)
```
    1 2 9
+   8 7 3
─────────
```

(5)
```
    3 5 8
+   6 4 5
─────────
```

(2)
```
    5 0 3
+   4 9 4
─────────
```

(6)
```
    2 5 6
+   7 4 7
─────────
```

(3)
```
    4 5 6
+   5 4 8
─────────
```

(7)
```
  1 4 8 7
+   2 4 0
─────────
```

(4)
```
    4 3 4
+   5 6 8
─────────
```

(8)
```
  1 2 9 9
+   1 1 1
─────────
```

(9)

```
    2 2 4
+   7 7 6
─────────
```

(13)

```
    4 4 7
+   5 5 3
─────────
```

(10)

```
    4 2 2
+   5 7 8
─────────
```

(14)

```
    2 4 3
+   7 5 7
─────────
```

(11)

```
    4 4 5
+   5 5 5
─────────
```

(15)

```
    2 2 2
+   7 8 9
─────────
```

(12)

```
    1 5 8
+   8 4 3
─────────
```

(16)

```
    4 5 7
+   6 4 7
─────────
```

MD03 받아올림이 있는 (세 자리 수)+(세 자리 수) (3)

● 덧셈을 하세요.

(1)
```
    8 6 6
 +  5 3 3
 ─────────
```

(5)
```
    8 7 9
 +  5 5 4
 ─────────
```

(2)
```
    1 4 7
 +  9 3 8
 ─────────
```

(6)
```
    1 2 2
 +  8 7 8
 ─────────
```

(3)
```
    7 5 5
 +  7 4 5
 ─────────
```

(7)
```
  1 8 8 9
 +   1 1 1
 ─────────
```

(4)
```
    1 2 8
 +  8 7 4
 ─────────
```

(8)
```
  1 5 7 7
 +   4 2 3
 ─────────
```

(9)
```
    8 7 5
  + 7 6 6
  -------
```

(13)
```
    2 8 7
  + 7 3 2
  -------
```

(10)
```
    9 3 5
  + 6 7 6
  -------
```

(14)
```
    4 6 8
  + 7 4 6
  -------
```

(11)
```
    8 5 8
  + 7 4 6
  -------
```

(15)
```
    3 1 5
  + 6 8 5
  -------
```

(12)
```
    1 2 6
  + 8 7 8
  -------
```

(16)
```
    8 5 7
  + 8 8 3
  -------
```

MD03 받아올림이 있는 (세 자리 수)+(세 자리 수) (3)

● 덧셈을 하세요.

(1)
```
    7 5 2
+   5 0 8
---------
```

(5)
```
    8 6 8
+   6 3 8
---------
```

(2)
```
    6 6 3
+   5 5 5
---------
```

(6)
```
    6 7 5
+   8 4 7
---------
```

(3)
```
    5 6 4
+   7 8 7
---------
```

(7)
```
  7 8 7 3
+   4 7 6
---------
```

(4)
```
    9 1 6
+   4 3 7
---------
```

(8)
```
  8 6 5 2
+   4 6 0
---------
```

(9)
```
    7 7 6
 +  2 2 4
```

(13)
```
    1 0 1
 +  8 8 9
```

(10)
```
    5 6 4
 +  4 3 6
```

(14)
```
    3 4 7
 +  9 8 8
```

(11)
```
    2 7 6
 +  9 5 6
```

(15)
```
    9 9 9
 +  1 0 1
```

(12)
```
    4 3 9
 +  5 6 7
```

(16)
```
    3 8 5
 +  8 7 6
```

MD03 받아올림이 있는 (세 자리 수)+(세 자리 수) (3)

● 덧셈을 하세요.

(1)
```
   1 0 9
 + 9 0 1
```

(2)
```
   8 6 5
 + 3 7 6
```

(3)
```
   3 8 8
 + 6 6 4
```

(4)
```
   7 5 6
 + 6 7 8
```

(5)
```
   7 6 9
 + 5 8 1
```

(6)
```
   8 7 5
 + 9 3 7
```

(7)
```
   7 6 7 9
 +   7 7 6
```

(8)
```
   3 1 5 7
 +   8 6 0
```

(9)
```
    8 4 6
  + 7 5 7
  _____
```

(13)
```
    2 5 5
  + 7 4 5
  _____
```

(10)
```
    8 7 7
  + 8 3 6
  _____
```

(14)
```
    5 5 5
  + 5 5 5
  _____
```

(11)
```
    2 6 8
  + 7 7 9
  _____
```

(15)
```
    1 4 7
  + 9 7 5
  _____
```

(12)
```
    1 4 6
  + 6 7 8
  _____
```

(16)
```
    6 8 9
  + 6 7 8
  _____
```

MD03 받아올림이 있는 (세 자리 수)+(세 자리 수) (3)

● |보기|와 같이 틀린 답을 바르게 고치세요.

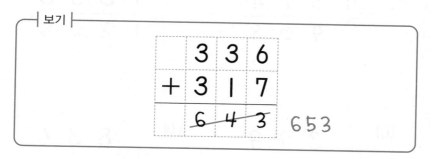

|보기|

```
    3 3 6
  + 3 1 7
    6 4̶ 3̶    653
```

(1)
```
    8 2 9
  + 1 6 4
    9 8 3
```

(3)
```
    6 9 7
  + 2 0 4
    8 9 1
```

(2)
```
    7 7 9
  + 2 1 2
    9 8 1
```

(4)
```
    4 2 6
  + 2 9 6
    7 1 2
```

Talk 받아올림이 있는 (세 자리 수)+(세 자리 수)에서는 받아올림을 1번, 2번, 3번 하는 경우가 있으므로 머릿속으로 받아올림을 잊지 않고 기억하면서 계산하도록 합니다.

(5)
```
    6 9 4
  + 3 1 4
    9 0 8
```

(9)
```
    4 4 8
  + 8 5 8
  1 2 0 6
```

(6)
```
    3 7 9
  + 6 2 8
    9 9 7
```

(10)
```
    8 3 6
  + 5 6 7
  1 3 0 3
```

(7)
```
    5 5 7
  + 4 5 3
  1 0 0 0
```

(11)
```
    7 4 8
  + 5 5 6
  1 2 0 4
```

(8)
```
    7 2 2
  + 2 7 9
    9 9 1
```

(12)
```
    8 4 8
  + 7 3 2
  1 5 7 0
```

MD03 받아올림이 있는 (세 자리 수)+(세 자리 수) (3)

● 틀린 답을 바르게 고치세요.

(1)
```
    6 9 0
+   4 1 0
  1 0 0 0
```

(2)
```
    7 8 0
+   9 3 0
  1 6 1 0
```

(3)
```
    7 8 6
+   6 7 6
  1 3 6 2
```

(4)
```
    9 5 3
+   4 5 7
  1 4 0 0
```

(5)
```
    7 3 7
+   8 8 9
  1 5 1 6
```

(6)
```
    5 7 8
+   7 4 8
  1 3 1 6
```

(7)
```
    3 4 8
+   8 8 2
  1 1 2 0
```

(8)
```
    8 6 5
+   5 6 5
  1 4 2 0
```

(9)
```
    7 5 7
 +  6 4 7
 1  3 0 4
```

(13)
```
    5 7 4
 +  9 5 8
 1  4 3 2
```

(10)
```
    8 8 0
 +  3 4 0
 1  1 2 0
```

(14)
```
    3 6 9
 +  8 5 4
 1  1 2 3
```

(11)
```
    7 8 8
 +  6 5 3
 1  4 3 1
```

(15)
```
    7 5 2
 +  6 9 4
 1  3 4 6
```

(12)
```
    7 3 7
 +  5 2 7
 1  2 5 4
```

(16)
```
    3 5 8
 +  7 6 6
 1  0 2 4
```

받아올림이 있는
(세 자리 수)+(세 자리 수) (4)

4주차

요일	교재 번호	학습한 날짜		확인
1일차(월)	01~08	월	일	
2일차(화)	09~16	월	일	
3일차(수)	17~24	월	일	
4일차(목)	25~32	월	일	
5일차(금)	33~40	월	일	

● 덧셈을 하세요.

(1)
```
    1 5 2
+   1 4 6
─────────
```

(5)
```
    2 1 4
+   1 9 3
─────────
```

(2)
```
    1 4 4
+   3 2 6
─────────
```

(6)
```
    3 4 8
+   2 6 7
─────────
```

(3)
```
    2 4 6
+   2 7 2
─────────
```

(7)
```
    5 0 3
+   1 7 9
─────────
```

(4)
```
    4 6 5
+   2 7 8
─────────
```

(8)
```
    2 9 5
+   6 3 3
─────────
```

(9)
```
    2 4 7
+   5 9 2
─────────
```

(13)
```
    4 2 6
+   3 1 8
─────────
```

(10)
```
    5 4 1
+   3 2 6
─────────
```

(14)
```
    6 3 5
+   1 8 9
─────────
```

(11)
```
    7 3 4
+   2 3 7
─────────
```

(15)
```
    1 5 6
+   8 2 4
─────────
```

(12)
```
    9 6 3
+   1 7 5
─────────
```

(16)
```
    8 2 5
+   4 7 8
─────────
```

3

● 덧셈을 하세요.

(1)
```
   1 7 3
 + 2 8 6
```

(5)
```
   3 6 9
 + 1 7 2
```

(2)
```
   2 9 5
 + 2 4 9
```

(6)
```
   1 9 7
 + 4 0 5
```

(3)
```
   3 4 2
 + 3 2 6
```

(7)
```
   4 5 7
 + 4 1 8
```

(4)
```
   1 6 5
 + 5 2 6
```

(8)
```
   5 3 6
 + 4 6 9
```

(9)
```
    2 5 4
  + 3 1 7
  -------
```

(13)
```
    3 8 6
  + 4 2 5
  -------
```

(10)
```
    2 3 1
  + 5 4 7
  -------
```

(14)
```
    4 3 4
  + 2 9 5
  -------
```

(11)
```
    6 2 6
  + 2 5 8
  -------
```

(15)
```
    4 6 7
  + 7 2 6
  -------
```

(12)
```
    8 0 4
  + 2 9 6
  -------
```

(16)
```
    5 1 8
  + 9 4 5
  -------
```

MD04 받아올림이 있는 (세 자리 수)+(세 자리 수) (4)

● 덧셈을 하세요.

(1)
```
    2 8 4
  + 3 7 2
```

(5)
```
    4 3 1
  + 4 2 7
```

(2)
```
    3 0 7
  + 1 9 4
```

(6)
```
    1 4 8
  + 6 5 3
```

(3)
```
    5 3 6
  + 1 4 9
```

(7)
```
    1 9 3
  + 7 9 2
```

(4)
```
    4 8 5
  + 5 4 5
```

(8)
```
    6 1 7
  + 2 3 5
```

(9)
```
    1 6 4
  + 4 3 9
  -------
```

(13)
```
    3 3 5
  + 6 7 2
  -------
```

(10)
```
    3 4 6
  + 5 1 8
  -------
```

(14)
```
    5 3 4
  + 7 0 5
  -------
```

(11)
```
    7 5 3
  + 2 6 4
  -------
```

(15)
```
    3 6 5
  + 6 7 9
  -------
```

(12)
```
    9 2 4
  + 1 3 7
  -------
```

(16)
```
    5 2 5
  + 8 9 7
  -------
```

MD04 받아올림이 있는 (세 자리 수)+(세 자리 수) (4)

● 덧셈을 하세요.

(1)
```
   1 6 5
 + 4 2 8
```

(5)
```
   5 9 4
 + 2 0 6
```

(2)
```
   2 7 2
 + 2 6 3
```

(6)
```
   6 2 7
 + 3 5 9
```

(3)
```
   3 4 7
 + 2 5 8
```

(7)
```
   1 6 4
 + 7 5 2
```

(4)
```
   4 5 3
 + 3 1 6
```

(8)
```
   4 7 5
 + 4 6 9
```

(9)
```
    2 4 5
+   6 1 2
─────────
```

(13)
```
    6 2 4
+   7 9 3
─────────
```

(10)
```
    7 3 3
+   2 8 5
─────────
```

(14)
```
    5 3 7
+   6 2 8
─────────
```

(11)
```
    3 2 7
+   8 4 7
─────────
```

(15)
```
    8 7 6
+   2 2 8
─────────
```

(12)
```
    4 6 9
+   5 3 8
─────────
```

(16)
```
    9 5 4
+   4 8 7
─────────
```

MD04 받아올림이 있는 (세 자리 수)+(세 자리 수) (4)

● 덧셈을 하세요.

(1)
```
   1 6 3
 + 1 8 5
```

(5)
```
   1 4 7
 + 3 5 4
```

(2)
```
   2 3 8
 + 2 6 5
```

(6)
```
   3 7 5
 + 2 1 5
```

(3)
```
   3 8 2
 + 3 8 4
```

(7)
```
   1 4 3
 + 5 9 5
```

(4)
```
   6 4 2
 + 2 1 5
```

(8)
```
   4 5 6
 + 5 7 1
```

(9)
```
    2 6 7
  + 1 7 6
  -------
```

(13)
```
    4 3 3
  + 2 2 9
  -------
```

(10)
```
    1 6 5
  + 4 8 3
  -------
```

(14)
```
    5 4 3
  + 2 1 4
  -------
```

(11)
```
    3 1 4
  + 3 6 1
  -------
```

(15)
```
    6 5 2
  + 1 7 9
  -------
```

(12)
```
    2 3 5
  + 2 6 5
  -------
```

(16)
```
    7 2 6
  + 6 3 2
  -------
```

MD04 받아올림이 있는 (세 자리 수)+(세 자리 수) (4)

● 덧셈을 하세요.

(1)
```
    1 7 4
  + 2 0 9
```

(5)
```
    2 4 6
  + 3 5 8
```

(2)
```
    4 2 3
  + 8 3 2
```

(6)
```
    7 0 8
  + 3 4 2
```

(3)
```
    5 2 4
  + 7 8 3
```

(7)
```
    6 5 1
  + 4 1 6
```

(4)
```
    3 4 7
  + 8 2 5
```

(8)
```
    8 6 2
  + 7 4 9
```

(9)
```
    3 5 0
+   1 4 9
─────────
```

(13)
```
    2 4 8
+   6 3 5
─────────
```

(10)
```
    5 4 6
+   3 8 2
─────────
```

(14)
```
    4 5 4
+   7 3 6
─────────
```

(11)
```
    6 3 5
+   6 4 2
─────────
```

(15)
```
    8 2 5
+   5 9 3
─────────
```

(12)
```
    7 7 3
+   3 4 1
─────────
```

(16)
```
    8 3 9
+   8 6 7
─────────
```

MD04 받아올림이 있는 (세 자리 수)+(세 자리 수) (4)

● 덧셈을 하세요.

(1)
```
   2 3 6
+  2 4 2
─────────
```

(5)
```
   5 1 5
+  3 8 6
─────────
```

(2)
```
   1 6 5
+  7 4 1
─────────
```

(6)
```
   4 3 4
+  6 5 3
─────────
```

(3)
```
   8 4 2
+  3 2 9
─────────
```

(7)
```
   7 5 3
+  7 8 3
─────────
```

(4)
```
   5 1 7
+  6 8 5
─────────
```

(8)
```
   8 6 8
+  7 9 6
─────────
```

(9)
```
    4 9 5
+   2 1 8
─────────
```

(13)
```
    1 3 8
+   8 2 7
─────────
```

(10)
```
    6 7 4
+   3 2 6
─────────
```

(14)
```
    2 5 9
+   7 2 4
─────────
```

(11)
```
    5 8 4
+   6 3 5
─────────
```

(15)
```
    8 1 7
+   3 8 9
─────────
```

(12)
```
    7 4 8
+   5 5 8
─────────
```

(16)
```
    4 5 3
+   9 9 2
─────────
```

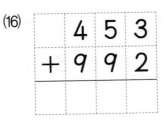

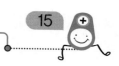

● 덧셈을 하세요.

(1)
```
    2 4 9
  + 5 2 5
```

(5)
```
    9 3 4
  + 1 7 2
```

(2)
```
    5 2 3
  + 4 4 9
```

(6)
```
    8 5 2
  + 5 7 6
```

(3)
```
    3 7 6
  + 6 0 8
```

(7)
```
    6 4 8
  + 7 3 9
```

(4)
```
    9 3 7
  + 4 6 6
```

(8)
```
    7 3 6
  + 9 2 4
```

(9)
```
    3 7 5
  + 4 6 6
  -------
```

(13)
```
    2 4 7
  + 8 2 7
  -------
```

(10)
```
    9 4 2
  + 2 3 6
  -------
```

(14)
```
    5 7 2
  + 5 8 5
  -------
```

(11)
```
    6 5 3
  + 6 4 7
  -------
```

(15)
```
    4 3 2
  + 3 5 4
  -------
```

(12)
```
    8 2 6
  + 8 3 2
  -------
```

(16)
```
    8 4 5
  + 9 7 5
  -------
```

MD04 받아올림이 있는 (세 자리 수)+(세 자리 수) (4)

● 덧셈을 하세요.

(1)
```
    1 4 9
 +  2 3 3
 ─────────
```

(5)
```
    5 6 7
 +  2 7 8
 ─────────
```

(2)
```
    2 5 6
 +  2 6 4
 ─────────
```

(6)
```
    1 6 3
 +  6 9 2
 ─────────
```

(3)
```
    4 2 1
 +  1 9 6
 ─────────
```

(7)
```
    4 7 6
 +  4 5 8
 ─────────
```

(4)
```
    3 4 2
 +  3 1 5
 ─────────
```

(8)
```
    5 5 7
 +  4 8 9
 ─────────
```

(9)
```
    2 3 7
 +  1 2 4
 ─────────
```

(13)
```
    7 5 4
 +  2 6 1
 ─────────
```

(10)
```
    3 5 6
 +  2 5 8
 ─────────
```

(14)
```
    5 1 9
 +  5 9 3
 ─────────
```

(11)
```
    6 2 5
 +  1 9 4
 ─────────
```

(15)
```
    3 8 7
 +  9 3 5
 ─────────
```

(12)
```
    3 4 2
 +  2 4 7
 ─────────
```

(16)
```
    6 9 3
 +  7 5 8
 ─────────
```

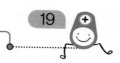

● 덧셈을 하세요.

(1)
```
    1 5 6
  + 3 4 9
  -------
```

(5)
```
    5 9 3
  + 5 0 8
  -------
```

(2)
```
    3 5 4
  + 2 7 3
  -------
```

(6)
```
    1 4 5
  + 7 2 8
  -------
```

(3)
```
    2 8 1
  + 4 6 9
  -------
```

(7)
```
    6 7 7
  + 3 5 4
  -------
```

(4)
```
    4 5 6
  + 3 2 6
  -------
```

(8)
```
    4 3 9
  + 8 7 5
  -------
```

(9)
```
    1 7 9
+   1 8 2
─────────
```

(13)
```
    2 4 2
+   7 5 8
─────────
```

(10)
```
    3 4 6
+   3 2 5
─────────
```

(14)
```
    7 5 4
+   4 9 1
─────────
```

(11)
```
    2 3 1
+   5 9 6
─────────
```

(15)
```
    5 3 9
+   8 7 9
─────────
```

(12)
```
    4 3 8
+   4 2 8
─────────
```

(16)
```
    9 6 7
+   6 8 4
─────────
```

MD04 받아올림이 있는 (세 자리 수)+(세 자리 수) (4)

● 덧셈을 하세요.

(1)
```
  1 4 6
+ 3 2 6
```

(5)
```
  3 9 5
+ 4 3 2
```

(2)
```
  2 0 9
+ 3 5 7
```

(6)
```
  6 4 5
+ 2 7 8
```

(3)
```
  5 3 4
+ 1 7 8
```

(7)
```
  4 2 9
+ 5 9 6
```

(4)
```
  1 5 7
+ 6 4 5
```

(8)
```
  9 1 8
+ 5 9 8
```

(9)
```
    1 7 9
  + 4 2 4
  ───────
```

(13)
```
    7 4 5
  + 2 8 5
  ───────
```

(10)
```
    3 6 3
  + 3 5 8
  ───────
```

(14)
```
    6 2 4
  + 4 6 7
  ───────
```

(11)
```
    4 3 5
  + 3 6 9
  ───────
```

(15)
```
    8 3 6
  + 7 5 6
  ───────
```

(12)
```
    2 7 4
  + 6 8 1
  ───────
```

(16)
```
    4 9 2
  + 9 7 8
  ───────
```

MD04 받아올림이 있는 (세 자리 수)+(세 자리 수) (4)

● 덧셈을 하세요.

(1)
```
    3 4 9
+   1 6 2
─────────
```

(5)
```
    5 5 4
+   3 6 8
─────────
```

(2)
```
    1 7 5
+   4 2 7
─────────
```

(6)
```
    6 8 9
+   1 6 3
─────────
```

(3)
```
    4 6 8
+   2 5 5
─────────
```

(7)
```
    7 5 4
+   2 2 8
─────────
```

(4)
```
    6 4 5
+   1 9 3
─────────
```

(8)
```
    8 6 7
+   6 2 7
─────────
```

(9)

```
    2 6 7
+   2 3 4
─────────
```

(13)

```
    4 1 6
+   7 9 5
─────────
```

(10)

```
    4 5 8
+   3 9 8
─────────
```

(14)

```
    7 3 2
+   5 6 4
─────────
```

(11)

```
    2 3 6
+   6 4 9
─────────
```

(15)

```
    7 8 4
+   6 2 9
─────────
```

(12)

```
    9 4 3
+   1 2 8
─────────
```

(16)

```
    8 9 7
+   9 6 7
─────────
```

MD04 받아올림이 있는 (세 자리 수)+(세 자리 수) (4)

● 덧셈을 하세요.

(1)
```
    3 6 5
  + 1 4 8
  ───────
```

(5)
```
    5 2 7
  + 3 9 6
  ───────
```

(2)
```
    3 1 9
  + 2 8 4
  ───────
```

(6)
```
    7 5 3
  + 2 8 9
  ───────
```

(3)
```
    2 4 5
  + 4 7 6
  ───────
```

(7)
```
    6 8 9
  + 4 7 2
  ───────
```

(4)
```
    1 5 7
  + 6 9 8
  ───────
```

(8)
```
    2 6 2
  + 9 8 5
  ───────
```

(9)
```
    3 4 9
  + 3 7 5
  -------
```

(13)
```
    4 5 3
  + 8 6 6
  -------
```

(10)
```
    5 6 3
  + 2 3 8
  -------
```

(14)
```
    9 2 9
  + 5 6 7
  -------
```

(11)
```
    4 3 8
  + 4 2 7
  -------
```

(15)
```
    7 5 9
  + 4 7 2
  -------
```

(12)
```
    6 7 4
  + 2 3 8
  -------
```

(16)
```
    8 1 7
  + 7 9 6
  -------
```

MD04 받아올림이 있는 (세 자리 수)+(세 자리 수) (4)

● 덧셈을 하세요.

(1)
```
    2 4 6
  + 3 5 5
```

(5)
```
    3 8 9
  + 7 5 4
```

(2)
```
    5 7 2
  + 1 9 8
```

(6)
```
    1 6 5
  + 8 4 5
```

(3)
```
    4 5 6
  + 3 8 6
```

(7)
```
    4 3 9
  + 9 2 8
```

(4)
```
    6 9 7
  + 2 6 5
```

(8)
```
    8 4 5
  + 3 8 9
```

(9)
```
    3 5 5
  + 4 7 6
  ───────
```

(13)
```
    7 3 2
  + 6 8 4
  ───────
```

(10)
```
    1 6 8
  + 7 3 5
  ───────
```

(14)
```
    6 4 8
  + 8 5 2
  ───────
```

(11)
```
    4 8 7
  + 4 4 3
  ───────
```

(15)
```
    8 3 4
  + 8 1 7
  ───────
```

(12)
```
    8 3 9
  + 2 4 5
  ───────
```

(16)
```
    9 2 6
  + 6 9 7
  ───────
```
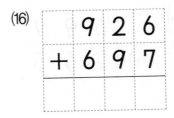

MD04 받아올림이 있는 (세 자리 수)+(세 자리 수) (4)

● 덧셈을 하세요.

(1)
```
    4 3 9
  + 2 7 4
```

(5)
```
    7 1 5
  + 3 9 7
```

(2)
```
    4 6 2
  + 3 3 8
```

(6)
```
    6 7 9
  + 6 0 6
```

(3)
```
    2 7 4
  + 6 6 8
```

(7)
```
    9 6 1
  + 2 5 6
```

(4)
```
    5 2 7
  + 4 9 6
```

(8)
```
    4 5 8
  + 9 9 7
```

(9)
```
    3 9 9
  + 2 0 1
```

(13)
```
    7 2 8
  + 4 7 5
```

(10)
```
    6 4 5
  + 3 5 6
```

(14)
```
    9 2 6
  + 4 9 8
```

(11)
```
    1 3 7
  + 9 6 8
```

(15)
```
    7 4 8
  + 5 6 7
```

(12)
```
    8 5 2
  + 6 9 9
```

(16)
```
    9 4 5
  + 8 5 7
```

● 덧셈을 하세요.

(1)
```
    1 7 6
 +  6 2 9
```

(5)
```
    5 3 7
 +  7 9 6
```

(2)
```
    5 4 9
 +  3 8 7
```

(6)
```
    3 7 8
 +  8 4 9
```

(3)
```
    7 1 6
 +  2 8 6
```

(7)
```
    8 6 3
 +  5 9 7
```

(4)
```
    4 2 9
 +  6 5 4
```

(8)
```
    6 7 8
 +  8 5 6
```

(9)
```
    5 9 9
  + 3 4 4
  _____
```

(13)
```
    7 6 5
  + 8 6 4
  _____
```

(10)
```
    2 6 6
  + 7 8 8
  _____
```

(14)
```
    8 7 6
  + 8 9 9
  _____
```

(11)
```
    5 7 7
  + 6 3 3
  _____
```

(15)
```
    9 1 2
  + 7 9 8
  _____
```

(12)
```
    6 2 2
  + 4 9 9
  _____
```

(16)
```
    9 4 6
  + 9 7 5
  _____
```

MD04 받아올림이 있는 (세 자리 수)+(세 자리 수) (4)

● 덧셈을 하세요.

(1)
```
    2 7 5
  + 2 5 7
```

(5)
```
    5 1 1
  + 4 9 9
```

(2)
```
    4 6 8
  + 1 8 6
```

(6)
```
    1 3 7
  + 9 2 6
```

(3)
```
    3 2 9
  + 4 9 2
```

(7)
```
    5 9 2
  + 8 4 3
```

(4)
```
    2 8 4
  + 6 4 8
```

(8)
```
    9 3 7
  + 6 7 3
```

(9)
```
    6 3 5
+   1 9 9
─────────
```

(13)
```
    4 5 9
+   7 3 6
─────────
```

(10)
```
    3 6 7
+   5 4 3
─────────
```

(14)
```
    7 4 5
+   6 9 6
─────────
```

(11)
```
    2 2 2
+   7 8 9
─────────
```

(15)
```
    6 4 9
+   9 8 4
─────────
```

(12)
```
    6 4 3
+   4 7 5
─────────
```

(16)
```
    9 1 7
+   8 8 7
─────────
```

MD04 받아올림이 있는 (세 자리 수)+(세 자리 수) (4)

● 덧셈을 하세요.

(1)
```
    5 8 3
  + 3 4 9
```

(5)
```
    7 4 8
  + 5 9 3
```

(2)
```
    2 5 6
  + 8 6 2
```

(6)
```
    8 4 5
  + 6 6 2
```

(3)
```
    4 2 7
  + 7 4 8
```

(7)
```
    9 7 1
  + 4 7 9
```

(4)
```
    6 3 7
  + 6 8 5
```

(8)
```
    7 4 6
  + 8 9 8
```

(9)
```
    3 7 8
+   3 4 5
---------
```

(13)
```
    4 4 4
+   6 6 6
---------
```

(10)
```
    5 7 9
+   2 8 8
---------
```

(14)
```
    7 7 7
+   5 5 5
---------
```

(11)
```
    5 9 3
+   6 4 8
---------
```

(15)
```
    3 6 6
+   6 8 8
---------
```

(12)
```
    7 4 9
+   7 2 3
---------
```

(16)
```
    7 7 7
+   5 9 9
---------
```

MD04 받아올림이 있는 (세 자리 수)+(세 자리 수)(4)

● 덧셈을 하세요.

(1)
```
    2 8 4
+   1 9 6
─────────
```

(5)
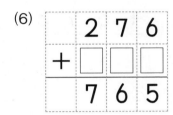
```
    1 9 6
+   □ □ □
─────────
    4 8 0
```

(2)
```
    5 8 9
+   2 7 6
─────────
```

(6)
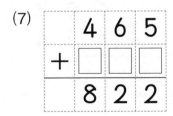
```
    2 7 6
+   □ □ □
─────────
    7 6 5
```

(3)
```
    3 5 7
+   4 6 5
─────────
```

(7)
```
    4 6 5
+   □ □ □
─────────
    8 2 2
```

(4)
```
    3 6 5
+   9 3 9
─────────
```

(8)
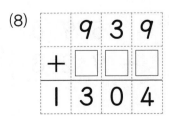
```
      9 3 9
+     □ □ □
───────────
  1 3 0 4
```

(9)
```
    2 6 4
  + 3 5 8
  -------
```

(13)
```
    3 5 8
  + □ □ □
  -------
    6 2 2
```

(10)
```
    4 2 7
  + 6 7 3
  -------
```

(14)
```
    6 7 3
  + □ □ □
  -------
  1 1 0 0
```

(11)
```
    8 6 7
  + 4 7 4
  -------
```

(15)
```
    4 7 4
  + □ □ □
  -------
  1 3 4 1
```

(12)
```
    5 9 6
  + 9 2 8
  -------
```

(16)
```
    9 2 8
  + □ □ □
  -------
  1 5 2 4
```

MD04 받아올림이 있는 (세 자리 수)+(세 자리 수) (4)

● 덧셈을 하세요.

(1)
```
    1 8 5
  + 3 8 6
```

(5)
```
    3 8 6
  + □ □ □
    5 7 1
```

(2)
```
    4 6 7
  + 2 5 5
```

(6)
```
    4 6 7
  + □ □ □
    7 2 2
```

(3)
```
    3 3 4
  + 4 7 9
```

(7)
```
    4 7 9
  + □ □ □
    8 1 3
```

(4)
```
    2 4 9
  + 6 5 3
```

(8)
```
    6 5 3
  + □ □ □
    9 0 2
```

(9)
```
    6 2 6
  + 3 9 5
  -------
```

(13)
```
    3 9 5
  + □ □ □
  -------
  1 0 2 1
```

(10)
```
    2 8 5
  + 9 6 8
  -------
```

(14)
```
    9 6 8
  + □ □ □
  -------
  1 2 5 3
```

(11)
```
    6 4 7
  + 7 5 4
  -------
```

(15)
```
    7 5 4
  + □ □ □
  -------
  1 4 0 1
```

(12)
```
    9 6 5
  + 8 3 9
  -------
```

(16)
```
    8 3 9
  + □ □ □
  -------
  1 8 0 4
```

MD단계 3권

학교 연산 대비하자

연산 UP

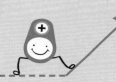

연산 UP

1

● 덧셈을 하시오.

(1)
```
    1 6 2
  + 3 2 9
```

(5)
```
    2 9 4
  + 2 3 4
```

(2)
```
    2 7 1
  + 1 6 5
```

(6)
```
    7 2 6
  + 5 4 1
```

(3)
```
    5 3 6
  + 6 4 2
```

(7)
```
    4 1 7
  + 3 2 8
```

(4)
```
    2 3 8
  + 4 2 6
```

(8)
```
    6 9 2
  + 2 7 5
```

(9)
```
    1 7 3
+   1 4 2
─────────
```

(13)
```
    2 4 6
+   1 1 6
─────────
```

(10)
```
    4 5 2
+   6 1 7
─────────
```

(14)
```
    6 3 5
+   2 8 2
─────────
```

(11)
```
    2 4 8
+   3 2 7
─────────
```

(15)
```
    6 1 7
+   7 3 2
─────────
```

(12)
```
    5 5 3
+   1 9 4
─────────
```

(16)
```
    4 2 9
+   5 6 2
─────────
```

● 덧셈을 하시오.

(1)
```
    2 3 9
  + 1 6 1
  ───────
```

(5)
```
    1 9 5
  + 5 4 7
  ───────
```

(2)
```
    3 2 7
  + 2 7 8
  ───────
```

(6)
```
    4 1 6
  + 4 9 8
  ───────
```

(3)
```
    8 7 2
  + 1 6 3
  ───────
```

(7)
```
    2 5 8
  + 5 4 8
  ───────
```

(4)
```
    1 2 8
  + 3 8 5
  ───────
```

(8)
```
    4 9 2
  + 7 8 1
  ───────
```

(9)
```
   1 8 7
 + 1 3 7
─────────
```

(13)
```
   3 4 4
 + 4 5 9
─────────
```

(10)
```
   2 6 5
 + 2 3 5
─────────
```

(14)
```
   8 4 2
 + 5 6 1
─────────
```

(11)
```
   6 9 3
 + 4 2 5
─────────
```

(15)
```
   3 9 7
 + 5 0 3
─────────
```

(12)
```
   2 7 4
 + 1 5 8
─────────
```

(16)
```
   1 9 5
 + 6 9 7
─────────
```

연산 UP 5

● 덧셈을 하시오.

(1)
```
    4 1 6
+   5 8 4
─────────
```

(5)
```
    6 9 7
+   3 1 5
─────────
```

(2)
```
    8 8 1
+   1 2 9
─────────
```

(6)
```
    7 6 5
+   4 7 9
─────────
```

(3)
```
    6 5 4
+   3 4 9
─────────
```

(7)
```
    5 3 8
+   7 7 4
─────────
```

(4)
```
    3 6 9
+   7 5 2
─────────
```

(8)
```
    9 4 7
+   6 5 8
─────────
```

(9)

```
    1 4 9
+   9 6 5
─────────
```

(13)

```
    4 5 9
+   8 6 9
─────────
```

(10)

```
    3 8 6
+   7 5 6
─────────
```

(14)

```
    2 1 7
+   8 8 6
─────────
```

(11)

```
    5 6 4
+   8 9 7
─────────
```

(15)

```
    8 1 7
+   6 8 5
─────────
```

(12)

```
    7 5 8
+   7 5 5
─────────
```

(16)

```
    9 9 9
+   1 0 1
─────────
```

● 빈칸에 알맞은 수를 써넣으시오.

(1)

+	133	242
142		
323		

(3)

+	345	527
318		
246		

(2)

+	252	125
254		
441		

(4)

+	367	435
572		
684		

(5)

+	273	359
182		
435		

(7)

+	507	718
493		
897		

(6)

+	494	576
354		
508		

(8)

+	676	825
778		
945		

● 빈 곳에 알맞은 수를 써넣으시오.

(1)

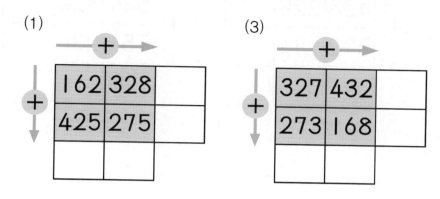

(3)

(2)

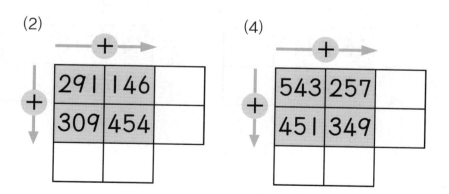

(4)

(5)

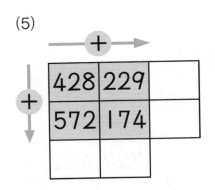

(7)

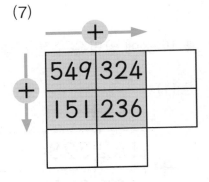

(6)

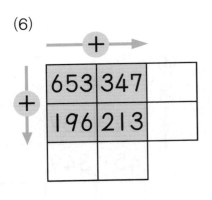

(8)

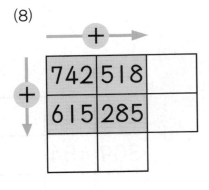

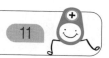

● 빈 곳에 알맞은 수를 써넣으시오.

(1)

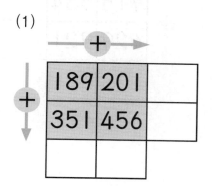

(3)

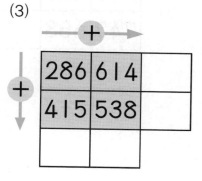

(2)

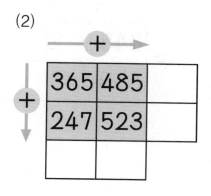

(4)

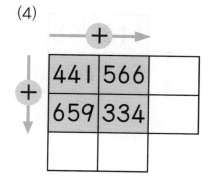

(5)

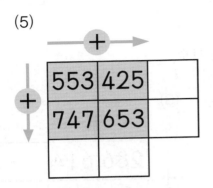

(7)

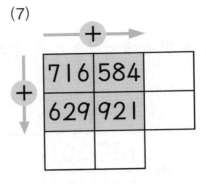

(6)

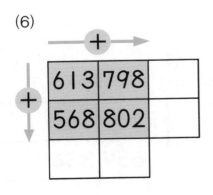

(8)

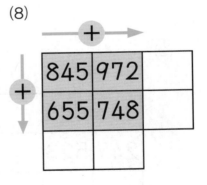

● 다음을 읽고 물음에 답하시오.

(1) 종민이는 동전을 259개 모았고, 다연이는 141개 모았습니다. 두 사람이 모은 동전은 모두 몇 개입니까?

(   )

(2) 하영이는 주말에 가족과 함께 동물농장 먹이주기 체험을 갔습니다. 동물농장에는 새가 164마리, 토끼가 128마리 있습니다. 동물농장에 있는 새와 토끼는 모두 몇 마리입니까?

(   )

(3) 떡 카페에서 꿀떡을 358개, 찰떡을 216개 만들었습니다. 떡 카페에서 만든 꿀떡과 찰떡은 모두 몇 개입니까?

(   )

(4) 준서네 농장에서는 포도를 293상자, 복숭아를 154상자 수확하였습니다. 준서네 농장에서 수확한 포도와 복숭아는 모두 몇 상자입니까?

(   )

(5) 수현이네 집에서는 옥수수를 어제는 465개 땄고, 오늘은 637개 땄습니다. 수현이네 집에서 어제와 오늘 딴 옥수수는 모두 몇 개입니까?

(   )

(6) 윤수의 통장에 이자가 1월에는 475원이 붙었고, 2월에는 748원이 붙었습니다. 1월과 2월에 붙은 이자는 모두 몇 원입니까?

(   )

● 다음을 읽고 물음에 답하시오.

(1) 수민이가 산 동화책의 쪽수는 128쪽이고, 위인전의
쪽수는 164쪽입니다. 동화책과 위인전은 모두 몇 쪽
입니까?

(   )

(2) 진수네 학교 남학생은 287명, 여학생은 246명입니
다. 진수네 학교 학생은 모두 몇 명입니까?

(   )

(3) 한솔 문구점에 연필이 346자루 있는데 오늘 144자루
를 더 들여왔습니다. 한솔 문구점에 있는 연필은 모두
몇 자루입니까?

(   )

(4) 어느 가게에서 오늘 사탕을 **384**개, 초콜릿을 **256**개 팔았습니다. 이 가게에서 오늘 판 사탕과 초콜릿은 모두 몇 개입니까?

(   )

(5) 동물원에 오전에 입장한 남자는 **468**명이고, 여자는 **543**명입니다. 동물원에 입장한 남자와 여자는 모두 몇 명입니까?

(   )

(6) **3**장의 숫자 카드를 한 번씩 사용하여 만들 수 있는 세 자리 수 중에서 가장 큰 수와 가장 작은 수의 합은 얼마입니까?

(   )

| 2 | 6 | 9 |

정 답

1	2	3	4	5	6	7	8
(1) 110	(9) 141	(1) 260	(9) 351	(1) 410	(9) 580	(1) 710	(9) 320
(2) 220	(10) 180	(2) 212	(10) 332	(2) 441	(10) 584	(2) 740	(10) 240
(3) 150	(11) 291	(3) 270	(11) 371	(3) 451	(11) 560	(3) 733	(11) 682
(4) 380	(12) 262	(4) 250	(12) 320	(4) 499	(12) 561	(4) 799	(12) 682
(5) 242	(13) 261	(5) 249	(13) 381	(5) 461	(13) 671	(5) 872	(13) 750
(6) 464	(14) 380	(6) 272	(14) 393	(6) 484	(14) 691	(6) 893	(14) 594
(7) 386	(15) 390	(7) 262	(15) 380	(7) 492	(15) 673	(7) 870	(15) 882
(8) 588	(16) 454	(8) 264	(16) 356	(8) 482	(16) 695	(8) 873	(16) 970

9	10	11	12	13	14	15	16
(1) 213	(9) 417	(1) 300	(9) 407	(1) 500	(9) 630	(1) 300	(9) 542
(2) 347	(10) 632	(2) 310	(10) 424	(2) 531	(10) 624	(2) 418	(10) 608
(3) 470	(11) 571	(3) 300	(11) 418	(3) 510	(11) 626	(3) 502	(11) 627
(4) 561	(12) 735	(4) 304	(12) 444	(4) 528	(12) 616	(4) 478	(12) 656
(5) 441	(13) 653	(5) 330	(13) 415	(5) 537	(13) 609	(5) 606	(13) 346
(6) 582	(14) 591	(6) 289	(14) 408	(6) 507	(14) 640	(6) 629	(14) 489
(7) 684	(15) 760	(7) 329	(15) 428	(7) 494	(15) 628	(7) 556	(15) 528
(8) 750	(16) 892	(8) 313	(16) 485	(8) 547	(16) 669	(8) 605	(16) 649

17	18	19	20	21	22	23	24
(1) 300	(9) 328	(1) 690	(9) 843	(1) 918	(9) 849	(1) 1000	(9) 1180
(2) 500	(10) 445	(2) 704	(10) 807	(2) 895	(10) 928	(2) 1000	(10) 1170
(3) 414	(11) 647	(3) 709	(11) 823	(3) 916	(11) 817	(3) 1100	(11) 1220
(4) 639	(12) 534	(4) 724	(12) 869	(4) 917	(12) 747	(4) 1200	(12) 1060
(5) 327	(13) 578	(5) 709	(13) 817	(5) 933	(13) 945	(5) 1202	(13) 1092
(6) 442	(14) 639	(6) 728	(14) 819	(6) 936	(14) 845	(6) 1202	(14) 1345
(7) 497	(15) 647	(7) 744	(15) 857	(7) 907	(15) 724	(7) 1603	(15) 1276
(8) 558	(16) 466	(8) 737	(16) 829	(8) 948	(16) 924	(8) 1406	(16) 1349

25	26	27	28	29	30	31	32
(1) 210	(9) 527	(1) 260	(9) 331	(1) 440	(9) 316	(1) 528	(9) 439
(2) 433	(10) 412	(2) 461	(10) 591	(2) 450	(10) 342	(2) 737	(10) 570
(3) 532	(11) 318	(3) 430	(11) 429	(3) 571	(11) 472	(3) 385	(11) 639
(4) 351	(12) 537	(4) 599	(12) 526	(4) 374	(12) 619	(4) 598	(12) 452
(5) 588	(13) 609	(5) 737	(13) 464	(5) 311	(13) 538	(5) 738	(13) 303
(6) 583	(14) 528	(6) 528	(14) 483	(6) 568	(14) 694	(6) 549	(14) 690
(7) 463	(15) 518	(7) 609	(15) 726	(7) 608	(15) 455	(7) 444	(15) 545
(8) 570	(16) 676	(8) 775	(16) 747	(8) 729	(16) 346	(8) 618	(16) 765

33	34	35	36	37	38	39	40
(1) 311	(9) 535	(1) 382	(9) 632	(1) 530	(9) 739	(1) 515	(9) 615
(2) 470	(10) 633	(2) 553	(10) 671	(2) 643	(10) 461	(2) 897	(10) 721
(3) 494	(11) 346	(3) 547	(11) 830	(3) 681	(11) 739	(3) 968	(11) 863
(4) 563	(12) 700	(4) 872	(12) 819	(4) 789	(12) 592	(4) 864	(12) 918
(5) 509	(13) 352	(5) 607	(13) 643	(5) 747	(13) 750	(5) 859	(13) 1075
(6) 738	(14) 1000	(6) 927	(14) 756	(6) 847	(14) 691	(6) 676	(14) 786
(7) 409	(15) 578	(7) 937	(15) 807	(7) 555	(15) 1473	(7) 890	(15) 849
(8) 317	(16) 562	(8) 1400	(16) 872	(8) 693	(16) 865	(8) 727	(16) 853

1	2	3	4	5	6	7	8
(1) 211	(9) 404	(1) 300	(9) 319	(1) 411	(9) 423	(1) 301	(9) 431
(2) 351	(10) 518	(2) 321	(10) 312	(2) 441	(10) 421	(2) 312	(10) 331
(3) 491	(11) 716	(3) 322	(11) 321	(3) 431	(11) 433	(3) 400	(11) 394
(4) 440	(12) 634	(4) 335	(12) 330	(4) 432	(12) 421	(4) 307	(12) 341
(5) 622	(13) 700	(5) 357	(13) 330	(5) 450	(13) 382	(5) 400	(13) 400
(6) 651	(14) 916	(6) 291	(14) 312	(6) 380	(14) 430	(6) 343	(14) 402
(7) 591	(15) 603	(7) 313	(15) 311	(7) 422	(15) 421	(7) 455	(15) 305
(8) 532	(16) 715	(8) 344	(16) 331	(8) 421	(16) 423	(8) 411	(16) 406

9	10	11	12	13	14	15	16
(1) 320	(9) 431	(1) 526	(9) 531	(1) 417	(9) 400	(1) 625	(9) 623
(2) 284	(10) 432	(2) 545	(10) 520	(2) 343	(10) 400	(2) 621	(10) 601
(3) 332	(11) 322	(3) 524	(11) 534	(3) 541	(11) 502	(3) 622	(11) 633
(4) 322	(12) 441	(4) 524	(12) 478	(4) 515	(12) 505	(4) 633	(12) 614
(5) 451	(13) 430	(5) 522	(13) 510	(5) 500	(13) 503	(5) 621	(13) 600
(6) 322	(14) 420	(6) 531	(14) 488	(6) 341	(14) 501	(6) 713	(14) 743
(7) 441	(15) 414	(7) 535	(15) 553	(7) 336	(15) 503	(7) 722	(15) 721
(8) 321	(16) 425	(8) 523	(16) 500	(8) 400	(16) 501	(8) 655	(16) 723

17	18	19	20	21	22	23	24
(1) 521	(9) 536	(1) 712	(9) 832	(1) 804	(9) 810	(1) 1000	(9) 1100
(2) 524	(10) 513	(2) 746	(10) 833	(2) 813	(10) 835	(2) 1100	(10) 1020
(3) 530	(11) 523	(3) 742	(11) 734	(3) 840	(11) 966	(3) 1000	(11) 1130
(4) 609	(12) 531	(4) 722	(12) 613	(4) 631	(12) 925	(4) 1100	(12) 1050
(5) 722	(13) 633	(5) 500	(13) 721	(5) 614	(13) 736	(5) 1100	(13) 1300
(6) 500	(14) 522	(6) 621	(14) 721	(6) 707	(14) 730	(6) 1000	(14) 1210
(7) 625	(15) 710	(7) 619	(15) 832	(7) 700	(15) 913	(7) 1110	(15) 1320
(8) 652	(16) 410	(8) 642	(16) 814	(8) 739	(16) 937	(8) 1100	(16) 1170

25	26	27	28	29	30	31	32
(1) 331	(9) 446	(1) 520	(9) 322	(1) 590	(9) 720	(1) 722	(9) 680
(2) 302	(10) 434	(2) 513	(10) 323	(2) 622	(10) 739	(2) 624	(10) 702
(3) 402	(11) 580	(3) 490	(11) 441	(3) 722	(11) 731	(3) 652	(11) 605
(4) 523	(12) 561	(4) 510	(12) 470	(4) 700	(12) 744	(4) 741	(12) 608
(5) 544	(13) 542	(5) 510	(13) 442	(5) 720	(13) 645	(5) 710	(13) 730
(6) 510	(14) 435	(6) 509	(14) 543	(6) 600	(14) 723	(6) 723	(14) 652
(7) 536	(15) 312	(7) 544	(15) 540	(7) 588	(15) 721	(7) 700	(15) 735
(8) 410	(16) 332	(8) 524	(16) 507	(8) 741	(16) 626	(8) 623	(16) 754

33	34	35	36	37	38	39	40
(1) 813	(9) 962	(1) 751	(9) 791	(1) 540	(9) 745	(1) 947	(9) 830
(2) 913	(10) 830	(2) 926	(10) 900	(2) 826	(10) 933	(2) 770	(10) 933
(3) 813	(11) 845	(3) 846	(11) 816	(3) 854	(11) 751	(3) 844	(11) 900
(4) 835	(12) 721	(4) 913	(12) 812	(4) 825	(12) 512	(4) 731	(12) 800
(5) 926	(13) 852	(5) 1000	(13) 840	(5) 722	(13) 641	(5) 820	(13) 842
(6) 701	(14) 946	(6) 916	(14) 913	(6) 756	(14) 1410	(6) 734	(14) 807
(7) 821	(15) 923	(7) 673	(15) 835	(7) 913	(15) 800	(7) 713	(15) 841
(8) 928	(16) 1000	(8) 914	(16) 921	(8) 410	(16) 910	(8) 804	(16) 1100

1	2	3	4	5	6	7	8
(1) 320	(9) 610	(1) 1000	(9) 1166	(1) 1040	(9) 1280	(1) 1113	(9) 1318
(2) 421	(10) 735	(2) 1000	(10) 1269	(2) 1061	(10) 1342	(2) 1114	(10) 1318
(3) 423	(11) 744	(3) 1110	(11) 1178	(3) 1042	(11) 1063	(3) 1215	(11) 1228
(4) 315	(12) 720	(4) 1022	(12) 1289	(4) 1155	(12) 1191	(4) 1216	(12) 1319
(5) 413	(13) 624	(5) 1035	(13) 1295	(5) 1265	(13) 1273	(5) 1217	(13) 1235
(6) 507	(14) 706	(6) 1040	(14) 1087	(6) 1170	(14) 1193	(6) 1227	(14) 1404
(7) 531	(15) 918	(7) 1147	(15) 1182	(7) 1050	(15) 1381	(7) 1120	(15) 1218
(8) 522	(16) 844	(8) 1055	(16) 1439	(8) 1146	(16) 1390	(8) 1060	(16) 1238

9	10	11	12	13	14	15	16
(1) 310	(9) 1040	(1) 1000	(9) 1120	(1) 1021	(9) 1223	(1) 1000	(9) 1197
(2) 480	(10) 1361	(2) 1000	(10) 1209	(2) 1032	(10) 1310	(2) 1005	(10) 1326
(3) 601	(11) 1151	(3) 1000	(11) 1083	(3) 1031	(11) 1315	(3) 1021	(11) 1305
(4) 700	(12) 1093	(4) 1002	(12) 841	(4) 1131	(12) 1223	(4) 1141	(12) 1101
(5) 805	(13) 1003	(5) 1000	(13) 863	(5) 1121	(13) 1013	(5) 1063	(13) 1001
(6) 701	(14) 1216	(6) 1000	(14) 1142	(6) 1253	(14) 1123	(6) 1241	(14) 1401
(7) 1020	(15) 1128	(7) 1033	(15) 1210	(7) 1034	(15) 1240	(7) 1112	(15) 1400
(8) 1000	(16) 1318	(8) 1033	(16) 1211	(8) 1162	(16) 1384	(8) 1223	(16) 1501

MD03

17	18	19	20	21	22	23	24
(1) 1020	(9) 1110	(1) 1020	(9) 1460	(1) 1010	(9) 1396	(1) 1130	(9) 1352
(2) 1141	(10) 1231	(2) 1022	(10) 1430	(2) 1000	(10) 1533	(2) 1100	(10) 1635
(3) 1412	(11) 1313	(3) 1220	(11) 1541	(3) 1101	(11) 1099	(3) 1271	(11) 1511
(4) 1222	(12) 1301	(4) 1130	(12) 1621	(4) 1332	(12) 1111	(4) 1430	(12) 1530
(5) 1030	(13) 1210	(5) 1177	(13) 1101	(5) 1100	(13) 1231	(5) 1353	(13) 1603
(6) 1223	(14) 1115	(6) 1121	(14) 1223	(6) 1251	(14) 1015	(6) 1411	(14) 1073
(7) 1104	(15) 1010	(7) 2000	(15) 1500	(7) 2200	(15) 1521	(7) 3330	(15) 1212
(8) 1090	(16) 1241	(8) 2000	(16) 1400	(8) 3200	(16) 1222	(8) 4430	(16) 1204

MD03

25	26	27	28	29	30	31	32
(1) 1320	(9) 600	(1) 1601	(9) 1021	(1) 1002	(9) 1000	(1) 1399	(9) 1641
(2) 1303	(10) 1859	(2) 1500	(10) 1012	(2) 997	(10) 1000	(2) 1085	(10) 1611
(3) 1329	(11) 1010	(3) 1198	(11) 1010	(3) 1004	(11) 1000	(3) 1500	(11) 1604
(4) 1020	(12) 1202	(4) 1200	(12) 1010	(4) 1002	(12) 1001	(4) 1002	(12) 1004
(5) 1311	(13) 1453	(5) 1100	(13) 1031	(5) 1003	(13) 1000	(5) 1433	(13) 1019
(6) 1423	(14) 1187	(6) 1100	(14) 1027	(6) 1003	(14) 1000	(6) 1000	(14) 1214
(7) 2000	(15) 1321	(7) 2000	(15) 1033	(7) 1727	(15) 1011	(7) 2000	(15) 1000
(8) 2300	(16) 1021	(8) 3100	(16) 1031	(8) 1410	(16) 1104	(8) 2000	(16) 1740

MD03

33	34	35	36	37	38	39	40
(1) 1260	(9) 1000	(1) 1010	(9) 1603	(1) 993	(5) 1008	(1) 1100	(9) 1404
(2) 1218	(10) 1000	(2) 1241	(10) 1713	(2) 991	(6) 1007	(2) 1710	(10) 1220
(3) 1351	(11) 1232	(3) 1052	(11) 1047	(3) 901	(7) 1010	(3) 1462	(11) 1441
(4) 1353	(12) 1006	(4) 1434	(12) 824	(4) 722	(8) 1001	(4) 1410	(12) 1264
(5) 1506	(13) 990	(5) 1350	(13) 1000		(9) 1306	(5) 1626	(13) 1532
(6) 1522	(14) 1335	(6) 1812	(14) 1110		(10) 1403	(6) 1326	(14) 1223
(7) 8349	(15) 1100	(7) 8455	(15) 1122		(11) 1304	(7) 1230	(15) 1446
(8) 9112	(16) 1261	(8) 4017	(16) 1367		(12) 1580	(8) 1430	(16) 1124

MD04

1	2	3	4	5	6	7	8
(1) 298	(9) 839	(1) 459	(9) 571	(1) 656	(9) 603	(1) 593	(9) 857
(2) 470	(10) 867	(2) 544	(10) 778	(2) 501	(10) 864	(2) 535	(10) 1018
(3) 518	(11) 971	(3) 668	(11) 884	(3) 685	(11) 1017	(3) 605	(11) 1174
(4) 743	(12) 1138	(4) 691	(12) 1100	(4) 1030	(12) 1061	(4) 769	(12) 1007
(5) 407	(13) 744	(5) 541	(13) 811	(5) 858	(13) 1007	(5) 800	(13) 1417
(6) 615	(14) 824	(6) 602	(14) 729	(6) 801	(14) 1239	(6) 986	(14) 1165
(7) 682	(15) 980	(7) 875	(15) 1193	(7) 985	(15) 1044	(7) 916	(15) 1104
(8) 928	(16) 1303	(8) 1005	(16) 1463	(8) 852	(16) 1422	(8) 944	(16) 1441

9	10	11	12	13	14	15	16
(1) 348	(9) 443	(1) 383	(9) 499	(1) 478	(9) 713	(1) 774	(9) 841
(2) 503	(10) 648	(2) 1255	(10) 928	(2) 906	(10) 1000	(2) 972	(10) 1178
(3) 766	(11) 675	(3) 1307	(11) 1277	(3) 1171	(11) 1219	(3) 984	(11) 1300
(4) 857	(12) 500	(4) 1172	(12) 1114	(4) 1202	(12) 1306	(4) 1403	(12) 1658
(5) 501	(13) 662	(5) 604	(13) 883	(5) 901	(13) 965	(5) 1106	(13) 1074
(6) 590	(14) 757	(6) 1050	(14) 1190	(6) 1087	(14) 983	(6) 1428	(14) 1157
(7) 738	(15) 831	(7) 1067	(15) 1418	(7) 1536	(15) 1206	(7) 1387	(15) 786
(8) 1027	(16) 1358	(8) 1611	(16) 1706	(8) 1664	(16) 1445	(8) 1660	(16) 1820

17	18	19	20	21	22	23	24
(1) 382	(9) 361	(1) 505	(9) 361	(1) 472	(9) 603	(1) 511	(9) 501
(2) 520	(10) 614	(2) 627	(10) 671	(2) 566	(10) 721	(2) 602	(10) 856
(3) 617	(11) 819	(3) 750	(11) 827	(3) 712	(11) 804	(3) 723	(11) 885
(4) 657	(12) 589	(4) 782	(12) 866	(4) 802	(12) 955	(4) 838	(12) 1071
(5) 845	(13) 1015	(5) 1101	(13) 1000	(5) 827	(13) 1030	(5) 922	(13) 1211
(6) 855	(14) 1112	(6) 873	(14) 1245	(6) 923	(14) 1091	(6) 852	(14) 1296
(7) 934	(15) 1322	(7) 1031	(15) 1418	(7) 1025	(15) 1592	(7) 982	(15) 1413
(8) 1046	(16) 1451	(8) 1314	(16) 1651	(8) 1516	(16) 1470	(8) 1494	(16) 1864

25	26	27	28	29	30	31	32
(1) 513	(9) 724	(1) 601	(9) 831	(1) 713	(9) 600	(1) 805	(9) 943
(2) 603	(10) 801	(2) 770	(10) 903	(2) 800	(10) 1001	(2) 936	(10) 1054
(3) 721	(11) 865	(3) 842	(11) 930	(3) 942	(11) 1105	(3) 1002	(11) 1210
(4) 855	(12) 912	(4) 962	(12) 1084	(4) 1023	(12) 1551	(4) 1083	(12) 1121
(5) 923	(13) 1319	(5) 1143	(13) 1416	(5) 1112	(13) 1203	(5) 1333	(13) 1629
(6) 1042	(14) 1496	(6) 1010	(14) 1500	(6) 1285	(14) 1424	(6) 1227	(14) 1775
(7) 1161	(15) 1231	(7) 1367	(15) 1651	(7) 1217	(15) 1315	(7) 1460	(15) 1710
(8) 1247	(16) 1613	(8) 1234	(16) 1623	(8) 1455	(16) 1802	(8) 1534	(16) 1921

33	34	35	36	37	38	39	40
(1) 532	(9) 834	(1) 932	(9) 723	(1) 480	(9) 622	(1) 571	(9) 1021
(2) 654	(10) 910	(2) 1118	(10) 867	(2) 865	(10) 1100	(2) 722	(10) 1253
(3) 821	(11) 1011	(3) 1175	(11) 1241	(3) 822	(11) 1341	(3) 813	(11) 1401
(4) 932	(12) 1118	(4) 1322	(12) 1472	(4) 1304	(12) 1524	(4) 902	(12) 1804
(5) 1010	(13) 1195	(5) 1341	(13) 1110	(5) 284	(13) 264	(5) 185	(13) 626
(6) 1063	(14) 1441	(6) 1507	(14) 1332	(6) 489	(14) 427	(6) 255	(14) 285
(7) 1435	(15) 1633	(7) 1450	(15) 1054	(7) 357	(15) 867	(7) 334	(15) 647
(8) 1610	(16) 1804	(8) 1644	(16) 1376	(8) 365	(16) 596	(8) 249	(16) 965

1	2	3	4
(1) 491	(9) 315	(1) 400	(9) 324
(2) 436	(10) 1069	(2) 605	(10) 500
(3) 1178	(11) 575	(3) 1035	(11) 1118
(4) 664	(12) 747	(4) 513	(12) 432
(5) 528	(13) 362	(5) 742	(13) 803
(6) 1267	(14) 917	(6) 914	(14) 1403
(7) 745	(15) 1349	(7) 806	(15) 900
(8) 967	(16) 991	(8) 1273	(16) 892

5	6	7	8
(1) 1000	(9) 1114	(1)	(5)
(2) 1010	(10) 1142		
(3) 1003	(11) 1461	(2)	(6)
(4) 1121	(12) 1513		
(5) 1012	(13) 1328	(3)	(7)
(6) 1244	(14) 1103		
(7) 1312	(15) 1502	(4)	(8)
(8) 1605	(16) 1100		

(1)

+	133	242
142	275	384
323	456	565

(2)

+	252	125
254	506	379
441	693	566

(3)

+	345	527
318	663	845
246	591	773

(4)

+	367	435
572	939	1007
684	1051	1119

(5)

+	273	359
182	455	541
435	708	794

(6)

+	494	576
354	848	930
508	1002	1084

(7)

+	507	718
493	1000	1211
897	1404	1615

(8)

+	676	825
778	1454	1603
945	1621	1770

9	10	11	12

9

(1)
+ →		
162	328	490
425	275	700
587	603	

(2)
+ →		
291	146	437
309	454	763
600	600	

(3)
+ →		
327	432	759
273	168	441
600	600	

(4)
+ →		
543	257	800
451	349	800
994	606	

10

(5)
+ →		
428	229	657
572	174	746
1000	403	

(6)
+ →		
653	347	1000
196	213	409
849	560	

(7)
+ →		
549	324	873
151	236	387
700	560	

(8)
+ →		
742	518	1260
615	285	900
1357	803	

11

(1)
+ →		
189	201	390
351	456	807
540	657	

(2)
+ →		
365	485	850
247	523	770
612	1008	

(3)
+ →		
286	614	900
415	538	953
701	1152	

(4)
+ →		
441	566	1007
659	334	993
1100	900	

12

(5)
+ →		
553	425	978
747	653	1400
1300	1078	

(6)
+ →		
613	798	1411
568	802	1370
1181	1600	

(7)
+ →		
716	584	1300
629	921	1550
1345	1505	

(8)
+ →		
845	972	1817
655	748	1403
1500	1720	

13	14	15	16
(1) 400개	(4) 447상자	(1) 292쪽	(4) 640개
(2) 292마리	(5) 1102개	(2) 533명	(5) 1011명
(3) 574개	(6) 1223원	(3) 490자루	(6) 1231